Cuong Ha Minh

Comportement mécanique des matériaux tissés : un impact balistique

Cuong Ha Minh

Comportement mécanique des matériaux tissés : un impact balistique

Approches expérimentale, numérique et analytique

Presses Académiques Francophones

Impressum / Mentions légales
Bibliografische Information der Deutschen Nationalbibliothek: Die Deutsche Nationalbibliothek verzeichnet diese Publikation in der Deutschen Nationalbibliografie; detaillierte bibliografische Daten sind im Internet über http://dnb.d-nb.de abrufbar.
Alle in diesem Buch genannten Marken und Produktnamen unterliegen warenzeichen-, marken- oder patentrechtlichem Schutz bzw. sind Warenzeichen oder eingetragene Warenzeichen der jeweiligen Inhaber. Die Wiedergabe von Marken, Produktnamen, Gebrauchsnamen, Handelsnamen, Warenbezeichnungen u.s.w. in diesem Werk berechtigt auch ohne besondere Kennzeichnung nicht zu der Annahme, dass solche Namen im Sinne der Warenzeichen- und Markenschutzgesetzgebung als frei zu betrachten wären und daher von jedermann benutzt werden dürften.

Information bibliographique publiée par la Deutsche Nationalbibliothek: La Deutsche Nationalbibliothek inscrit cette publication à la Deutsche Nationalbibliografie; des données bibliographiques détaillées sont disponibles sur internet à l'adresse http://dnb.d-nb.de.
Toutes marques et noms de produits mentionnés dans ce livre demeurent sous la protection des marques, des marques déposées et des brevets, et sont des marques ou des marques déposées de leurs détenteurs respectifs. L'utilisation des marques, noms de produits, noms communs, noms commerciaux, descriptions de produits, etc, même sans qu'ils soient mentionnés de façon particulière dans ce livre ne signifie en aucune façon que ces noms peuvent être utilisés sans restriction à l'égard de la législation pour la protection des marques et des marques déposées et pourraient donc être utilisés par quiconque.

Coverbild / Photo de couverture: www.ingimage.com

Verlag / Editeur:
Presses Académiques Francophones
ist ein Imprint der / est une marque déposée de
AV Akademikerverlag GmbH & Co. KG
Heinrich-Böcking-Str. 6-8, 66121 Saarbrücken, Deutschland / Allemagne
Email: info@presses-academiques.com

Herstellung: siehe letzte Seite /
Impression: voir la dernière page
ISBN: 978-3-8381-7954-4

Copyright / Droit d'auteur © 2013 AV Akademikerverlag GmbH & Co. KG
Alle Rechte vorbehalten. / Tous droits réservés. Saarbrücken 2013

N° d'ordre : 40632

UNIVERSITÉ DE LILLE 1

RAPPORT DE
THÈSE DE DOCTORAT

Spécialité : **Mécanique**

Présenté par

Cuong HA MINH

Sujet de thèse :

Comportement mécanique des matériaux tissés soumis à un impact balistique : approches expérimentale, numérique et analytique

Date de soutenance : le 17 novembre 2011

A. RUSINEK, **Professeur**	ENIM, Metz	**Rapporteur**
M. TARFAOUI, **MdC-HdR**	ENSTA, Bretagne	**Rapporteur**
B. CASTANIÉ, **Professeur**	INSA Toulouse	**Examinateur**
L. RABET, **Professeur**	EMR, Bruxelles	**Examinateur**
A. IMAD, **Professeur**	Université de Lille 1	**Directeur de thèse**
F. BOUSSU, **MdC**	ENSAIT, Roubaix	**Co-encadrant**
T. KANIT, **MdC**	Université de Lille 1	**Co-encadrant**
D. CRÉPIN, **MdC**	ENSAIT, Roubaix	**Examinateur**

Remerciements

Cette thèse s'est déroulée dans le cadre d'une collaboration entre l'Université de Lille 1 - Laboratoire de Mécanique de Lille, CNRS, UMR 8107 et l'ENSAIT de Roubaix - Laboratoire de GEMTEX.

Je tiens à remercier en tout premier lieu Abdellatif Imad, professeur de l'Université de Lille 1 qui a dirigé cette thèse. Tout au long de ces trois années, il a su orienter mes recherches aux bons moments en me faisant découvrir la recherche au travers d'une personne qui travaille beaucoup dans le domaine de la mécanique. Il a toujours été disponible pour d'intenses et rationnelles discussions. Pour tout cela, son enthousiasme et ses aides en fin de thèse, je le remercie vivement. Sans lui, cette thèse n'aurait certainement jamais vu le jour.

Je remercie particulièrement François Boussu, maître de conférences à l'ENSAIT, qui a su me laisser la liberté nécessaire à l'accomplissement de mes travaux, tout en y gardant un oeil critique et avisé, mais il a été toujours disponible pour résoudre mes problèmes et me donner de bons conseils.

Je tiens également à remercier Toufik Kanit, maître de conférences à l'Université de Lille 1 qui a participé à mon encadrement pendant ces trois années. Je te suis plus particulièrement reconnaissant de m'avoir partagé lors des blocages pendant la thèse.

Durant ces trois ans, j'ai eu le plaisir d'échanger les travaux scientifiques avec Jan Van Roey, doctorant, EMR Bruxelles et David Crépin, maître de conférence à l'ENSAIT. Je suis reconnaissant aussi à Julien NUSSBAUM, Docteur Ingénieur, Institut de Saint Louis pour ses aides dans l'essai de traction dynamique.

J'ai eu également le plaisir de travailler au sein du service de tissage à l'ENSAIT. Je souhaite particulièrement remercier Benjamin Provost et Nicolas Dumont de me fournir les bons matériaux. Merci aussi à Fréderick Veyet et Saad Nauman, mes grands frères pour leurs conseils dans la vie en France et merci Marie Lefebvre pour sa patience dans la correction du français au début de ma thèse.

J'adresse mes chaleureux remerciements à tous les membres du laboratoire GEMTEX et du laboratoire LML : les permanents, les techniciens, les thésards et les stagiaires, avec qui les échanges scientifiques et amicaux m'ont apporté des souvenirs inoubliables.

Je voudrais également adresser ma profonde gratitude à l'ensemble des personnels du projet EPIDARM de EDA, notamment Karine Thoral-Pièrre et Jérôme Maillet qui m'ont assisté pendant mon travail.

Alexis Rusinek, le professeur de l'ENIM de Metz et Mostapha Tarfaoui, maître de conférences-HdR de l'ENSTA de Bregtagne ont accepté la laborieuse tâche de rapporteur : je ne saurais que trop les remercier du temps et de l'attention qu'ils ont consacré à la lecture de ce manuscrit. Je suis également très reconnaissant envers Bruno Castanié, le professeur de l'INSA de Toulouse et Luc Rabet, le professeur de l'EMR, Bruxelles d'avoir accepté d'être examinateurs du jury.

Enfin, je tiens à remercier mes parents, et toutes mes autres proches dans ma grande famille qui sont toujours à côté de moi, qui m'ont aidé à surmonter les moments les plus difficiles en dépit de la grande distance.

Abstract

Mechanical behavior of woven materials subjected to ballistic impact : experimental, numerical and analytical approaches

This thesis deals with the study of ballistic impact in the case of 2D and 3D fabrics using 3 approaches : experimental, numerical and analytical to improve the body armour protection.

A totally new specific experimental protocol was developed for dynamic testing on yarn by using monitoring systems with fast acquisition. Ballistic tests were performed using a gas gun with instrumentation for monitoring projectile velocity and deformation of fabric.

Two numerical models were used : macroscopic and mesoscopic models. Indeed, the macroscopic model, which considers 2D fabric as a homogeneous plate, allows a summary prediction of various impact parameters as : residual velocity, impact energies et deformation pyramid. To describe better interactions between yarns in a 2D fabric, a mesoscopic model was developed using 3D shell elements. Comparisons between results obtained by both models and experimental data have demonstrated the modelling robustness at the mesoscopic scale since yarn/yarn and projectile/yarn contacts can be analyzed. Furthermore, in order to optimize computation time, a combination of mesoscopic and macroscopic models has allowed creating a multi-scale model distinguishing between different working areas of fabric during impact.

A new numerical tool has been developed to model geometrically 3D fabrics taking into account yarns cross section. This model allows studying the effects of frictions and boundary conditions of a 3D fabric subjected to ballistic impact.

In addition, an analytical model was carried out taking into account reflections of strain waves on yarns in the case of impact of a multi-layer 2D fabric. This model predicts continuous evolutions of several parameters describing the impact, in particular, residual velocity of projectile and ballistic limit fabrics.

Key words : finite elements, woven fabrics, ballistic impact, dynamic behavior, damage mechanisms, fracture, analytical model, strain waves

Table des matières

Introduction générale   xiii

1 Étude bibliographique   1
- 1.1 Fibres pour la protection balistique 2
  - 1.1.1 Fibres aramide 2
  - 1.1.2 Fibres HMWPE 2
  - 1.1.3 Fibres PBO 3
- 1.2 Tissus pour la protection balistique 3
  - 1.2.1 Tissus 2D 4
  - 1.2.2 Tissus 3D 5
  - 1.2.3 Classification de géométries de tissus 3D 6
- 1.3 Impact balistique sur les textiles 8
  - 1.3.1 Impact balistique sur un fil 9
  - 1.3.2 Impact balistique sur les tissus 14
  - 1.3.3 Approche analytique de l'impact balistique sur les tissus ... 20
- 1.4 Lois de comportement du fil en dynamique rapide 25
- 1.5 Simulation numérique de l'impact balistique sur les tissus 31
  - 1.5.1 Modélisation macroscopique et mésoscopique 31
  - 1.5.2 Modélisation multi-échelle 39
  - 1.5.3 Modélisation numérique des tissus 3D 41
- 1.6 Synthèse 43

2 Modélisation numérique de la dynamique rapide des tissus   45
- 2.1 Partie I : Simulation numérique macro/méso d'un tissu 2D sous impact balistique................................. 47
  - 2.1.1 Modèle macroscopique pour les tissus 2D 47
  - 2.1.2 Modèle mésoscopique pour les tissus 2D 48
  - 2.1.3 Critère de rupture 50
  - 2.1.4 Conditions de calcul 50
  - 2.1.5 Résultats et discussions....................... 52
    - 2.1.5.1 Choix de maillage 52
    - 2.1.5.2 Analyse numérique du comportement d'impact d'un tissu 54
    - 2.1.5.3 Comparaison entre les modèles macroscopique et mésoscopique......................... 54
  - 2.1.6 Synthèse 59
- 2.2 Partie II : Étude de sensibilité paramétrique des caractéristiques mécaniques du fil 60
  - 2.2.1 Influence du coefficient de Poisson 61
  - 2.2.2 Influence du module transversal 62

		2.2.3	Influence du module de cisaillement	64
		2.2.4	Synthèse	67
	2.3	Partie III : Modèle multi-échelle pour les tissus 2D		68
		2.3.1	Temps de calcul des modèles multi-échelles	70
		2.3.2	Validation de la continuité de l'interface méso-macro	71
		2.3.3	Evolution de la vitesse du projectile	73
		2.3.4	Analyse des énergies d'impact	75
		2.3.5	Analyse des mécanismes d'endommagement du tissu	77
		2.3.6	Force appliquée sur le projectile	78
		2.3.7	Synthèse	80
	2.4	Partie IV : Modélisation par la méthode d'éléments finis des tissus 3D		81
		2.4.1	Outil numérique pour la géométrie du tissu 3D	81
			2.4.1.1 Concepts de l'outil	82
		2.4.2	Modèle mésoscopique pour les tissus 3D	84
		2.4.3	Résultats et discussions	85
			2.4.3.1 Impact sans perforation	85
			2.4.3.2 Impact avec perforation	87
		2.4.4	Effet des conditions aux limites	88
		2.4.5	Effet des frottements	92
			2.4.5.1 Conditions de calcul	92
			2.4.5.2 Résultats et discussions	94
			2.4.5.3 Synthèse	99
	2.5	Synthèse		100
		2.5.1	Impact sur les tissus 2D	100
		2.5.2	Impact sur les tissus 3D	101
3	**Confrontation expérience/simulation**			**102**
	3.1	Partie I : Essais statique et dynamique sur les fils		103
		3.1.1	Présentation de la procédure expérimentale	103
			3.1.1.1 Traction statique	103
			3.1.1.2 Traction dynamique	104
		3.1.2	Résultats et discussions	107
			3.1.2.1 Traction statique	107
			3.1.2.2 Traction dynamique	108
	3.2	Partie II : Essais balistiques sur les tissus 3D		112
		3.2.1	Procédure expérimentale	112
		3.2.2	Résultats et discussions	113
			3.2.2.1 Impact sans perforation	113
			3.2.2.2 Impact avec perforation	117
	3.3	Partie III : Confrontation expérience/numérique		120
		3.3.1	Modélisation géométrique du tissu	120
		3.3.2	Maillage du modèle	121
		3.3.3	Conditions de calcul	121
		3.3.4	Résultats et discussions	123
			3.3.4.1 Impact sans perforation	123
			3.3.4.2 Impact avec perforation	128
	3.4	Synthèse		134

4 Approche analytique **135**
 4.1 Présentation du modèle analytique 136
 4.2 Conditions de calcul 145
 4.3 Résultats et discussions 145
  4.3.1 Validation du modèle analytique................. 145
  4.3.2 Prédiction continue des paramètres d'impact 147
  4.3.3 Effet de la distance entre les couches 149
  4.3.4 Effet de la taille de la cible.................... 150
 4.4 Synthèse 153

Conclusions générales et perspectives **154**

Publications **157**

Références bibliographiques **159**

A Performances balistiques des tissus 2D **167**

B Impact balistique transversal sur les fils **169**

C Dimensions du système de traction dynamique **173**

D Fixation des tissus avec les cartons dans les tests balistiques **174**

Liste des figures

1	Gilet pare-balles	xiii
1.1	Progrès technologiques des gilets souples pare balle [Wag06]	3
1.2	Progrès technologiques des casques militaires [Wag06]	4
1.3	Préformes textiles non-tissés : a) Laminés unidirectionnels ; b) Laminés non-tissés (strand mat)	4
1.4	Préformes textiles : a) Tressés ; b) Tricotés [Hag04], c) Tissés	4
1.5	Schéma du tissage	5
1.6	Processus de tissage : a) Structure 2D ; b) Structure 3D [Wag06] . . .	6
1.7	Types de base des tissus 3D [YD04]	7
1.8	Numérotation des fils dans une armure du tissu 3D : (a) Vue globale d'une armure 3D ; (b) Numérotation des fils dans la section transversale de trame de l'armure 3D	7
1.9	Chaînes ondulé et droit dans une dent	8
1.10	Schéma des ondes de déformation dans une fibre sous un impact transversal	9
1.11	Configuration du fil chaque $40 \times 10^{-6} s$ du fil élastique après un impact transversal de 180 m/s avec la propagation de l'onde longitudinale (flèche) et le déplacement des points matériels (espaces entre les tirés) [SMS58]	10
1.12	Configuration de la partie positive suivant l'axe x du fil de t (ABPQ) à t+dt ($A^*B^*P^*Q^*$) après l'impact transversal [SMS58]	11
1.13	Énergie d'impact absorbée spécifique par les fils [Car99]	12
1.14	(a) Fibrillation des fibres d'aramide ; (b) Rupture en cisaillement des fibres UHMWPE ; (c) Endommagement par fusion des fibres UHMWPE [Car99]	12
1.15	Configurations du fil en fonction du temps de la propagation de l'onde transversale [WRCR70]	13
1.16	Réponses d'un cible soumise à l'impact d'un projectile : (a) globale et (b) locale ([SCVP06], [BFJM10])	14
1.17	Phases d'endommagement d'un impact sur le tissu	15
1.18	Installation de l'essais d'arrachement (pull-out technique) [SES01] . .	16
1.19	(a) Phases du comportement du fil tiré dans les essais d'arrachement ; (b) Courbe typique force-déplacement d'un test d'arrachement [KKL+04a]	17
1.20	Comparaison entre le modèle de Kirkwood et les résultats expérimentaux al. [KKL+04b]	17
1.21	Ruptures sous l'impact balistique de Nylon-66 (a), Kevlar-29 (b), Spectra (c), Zylon (d) [SL06]	18
1.22	Formes du projectile. [SCVP06] : (a) tête hémisphérique ; (b) tête plate ; (c) tête ogivale ; (d) tête conique	19

1.23 Hypothèse d'une couche toile dans les modèles analytiques : (a) Architecture d'une couche toile ; (b) Architecture d'une couche composée des fils droits (Hypothèse de Lee et al. 2001) 20
1.24 Contact continu entre les fils primaires avec le projectile pendant l'impact 20
1.25 Modélisation de la force d'un fil primaire dans un tissu toile [PLHO95] 21
1.26 Comparaison entre le modèle de Mamivand et al. et les résultats expérimentaux de Van Gorp [ML10] 22
1.27 Schéma de la pyramide de déformation de Gu [Gu03] 23
1.28 Illustration des variables et de la géométrie du problème d'impact sur une membrane : (a) Caractères d'impact ; (b) Coordonnées cylindriques (r, ϕ, y) et déplacements (u,v) [PP03] 24
1.29 Propagation et réflexion de l'onde de déformation après un impact longitudinal [SSF55] 25
1.30 Schéma général du système SHPBs [TZS08] 26
1.31 Noeud pour la fixation des fils dans les tests de traction dynamique [TZS08] 28
1.32 Fixation des fils dans les tests de traction dynamique par les cabestans [TZS08] 29
1.33 Courbes expérimentales de contrainte-déformation du fil Twarons®CT716 avec les taux de déformation différents [TZS08] 29
1.34 Courbe expérimentale de contrainte-déformation de la fibre seule Kevlar®KM2 avec les taux de déformation différents [CCW05] 29
1.35 Modèle du comportement dynamique du fil 30
1.36 Modèle vicoélastique Wiechert 30
1.37 Essais de tracion biaxial [GBH00] 31
1.38 Schéma général d'un hydrocode [HR06] 31
1.39 Schématisation d'une armure toile à l'aide de poutres articulées ... 32
1.40 Courbe contrainte - déformation du tissu Twaron sous la traction statique [STT95] 32
1.41 Un quart du modèle de Joo et al. après impact [JK07] 34
1.42 Évolution des énergies différentes pendant l'impact de 150 m/s sur couches toile de Kevlar KM2 calculée par Joo et al. [JK08] 34
1.43 Évolution d'un impact de 550 m/s sur le tissu toile du modèle macroscopique de Lim et al. [CL03] 36
1.44 Évolution d'un impact de 267 m/s sur le tissu toile du modèle macroscopique de Ivanov et al. [IT04] 37
1.45 Schématisation d'un fil à partir d'un assemblage de fibres 37
1.46 Évolution d'un impact de 800 m/s sur le tissu toile du modèle mésoscopique de Duan et al. [DKBP06] 38
1.47 Évolution de la vitesse du projectile avec les cas de frottement et de vitesse d'impact différents [RDK+09] 39
1.48 Évolution de la vitesse du projectile avec les cas de matériau différents [RDK+09] 39
1.49 Principe du modèle global/local de Rao et al. [RNK+09] : (a) Le modèle complet ; (b) et (c) Deux configurations "en croix centrale" de la région locale ; (d) Configuration "carré" de la région locale ; (e) Le modèle global (macroscopique) [RDK+09] 40
1.50 Modèle méso-scopique pour le composite à base de fils tressés : (a) Composite ; (b) Préforme [Gu07] 41

1.51 Résultat du modèle méso-scopique pour le composite à base de fils tressés : (a) Composite ; (b) Préforme [Gu07] 42
1.52 Composite formé à partir des cellules de base [Gu07] 42

2.1 Modèle macroscopique du tissu 2D 47
2.2 Modèle mésoscopique du tissu 2D avec les éléments coques 48
2.3 Modélisation de la section transversale du fil : (a) Forme réelle ; (b) Modèle avec 4 éléments ; (c) Modèle avec 8 éléments 49
2.4 Directions du fil 49
2.5 Schématisation du FLD "forming limit diagram" pour la rupture des fils Kevlar KM2®. 50
2.6 (a) Configuration initiale du système d'impact modélisé ; (b) Descriptif détaille du tissu 2D Kevlar KM2 dans le système d'impact 51
2.7 Conditions aux limites de la modélisation (a) Modèle complet ; (b) Un quart du modèle 52
2.8 Evolution de la vitesse du projectile des modèles de 4 et 8 éléments dans les cas d'impact : (a) 60,6 m/s ; (b) 245,0 m/s 53
2.9 Temps de calcul des modèles par 4 et 8 éléments 53
2.10 Différentes zones d'endommagement pour une vitesse d'impact de 245 m/s : (a) Modèle macroscopique, (b) Modèle mésoscopique 55
2.11 Configuration du tissu avec une surface libre de 5×5 cm après l'impact de 245 m/s [DKW$^+$05a] 56
2.12 Evolution de la vitesse du projectile des modèles macroscopique et mésoscopique pour les cas d'impact : (a) 60,6 m/s ; (b) 92,1 m/s et (c) 245 m/s 57
2.13 Configurations de tissu déformé par la vitesse d'impact élevée de 245 m/s : (a) Modèle macroscopique ; (b) Modèle mésoscopique 58
2.14 Observation localisée sur la zone de contact du modèle mésoscopique avec la vitesse d'impact de 245 m/s 58
2.15 Comparaison de la vitesse résiduelle entre nos résultats numériques et des données expérimentales selon [DKW$^+$05a] 59
2.16 Conditions aux limites de l'impact sur le tissu pour étudier l'effet des propriétés mécaniques transversales (a) Modèle complet ; (b)Un quart du modèle 61
2.17 Configuration de la modélisation numérique de l'impact sur un seul fil ondulé : (a) Vue de dessus du modèle complet ; (b) Vue de face d'un quart du modèle ; (c) Vue de face du modèle complet ; (d) Vue de dessus d'un quart du modèle 61
2.18 Évolution de la vitesse en fonction du temps avec les coefficients de Poisson différents dans le cas : (a) impact sur le fil ondulé ; (b) impact sur un tissu 62
2.19 Évolution de la vitesse au cours de l'impact sur le fil avec les modules transversaux différents 63
2.20 Comparaison du comportement du fil à $25\mu s$ de l'impact dans deux cas de module transversal : (a) $E_{22} = 0,06\ GPa$; (b) $E_{22} = 2,68\ GPa$ 63
2.21 Évolution de la vitesse au cours de l'impact sur le tissu avec les modules transversaux différents 64
2.22 Evolution de la vitesse du projectile pendant l'impact 245 m/s sur un fil avec les différentes valeurs du module de cisaillement 64

2.23 Configurations des impacts sur un fil ondulé à 8, $1\mu s$ pour les modules de cisaillement (a) 0,1 GPa ; (b) 24,4 GPa ; (c) 48 GPa 65
2.24 Evolution de la vitesse du projectile pendant l'impact 245 m/s sur le tissu avec les modules différents de cisaillement 66
2.25 Configuration de tissu à $6,7~\mu s$ dans les cas du module de cisaillement : a) = 1,0 GPa ; b) = 24,4 GPa 66
2.26 Distribution des contraintes von-Mises sur le tissu impacté par un projectile sphérique avec une vitesse de 245 m/s à : (a) 9 μs ; (b) 17 μs ; (c) 33 μs 69
2.27 Définition d'un modèle multi-échelle : (a) une image du tissu après impact [DKW$^+$05a] ; (b) Vue globale du modèle multi-échelle ; (c) Vue locale d'un modèle multi-échelle au point d'impact ; (d) Connexion entre les zones mésoscopique et macroscopique. 70
2.28 Temps de calcul des modèles multi-échelles dans les deux cas : (a) Impact 60 m/s ; (b) 245 m/s 71
2.29 (a) Points sur la diagonale d'un quart du tissu ; (b) Déplacement des points sur la ligne diagonale d'un quart du tissu impacté par le projectile avec les vitesses de 245 m/s à 17 μs et à 33 μs 72
2.30 Evolution de la vitesse du projectile en fonction du temps avec un impact de 60 m/s 73
2.31 Evolution de la vitesse du projectile en fonction du temps avec un impact de 245 m/s 74
2.32 Evolution des énergies des modèles multi-échelle de 65,5% - 34,5% et mésoscopique dans le cas de l'impact de 245 m/s : (a) énergie cinétique ; (b) énergie de déformation ; (c) énergie des contacts 76
2.33 Comparaison du comportement global du tissu lors de l'impact de 245 m/s à 25 μs entre : (a) Le modèle multi-échelle de 65,5% - 34,5% ; (b) Le modèle mésoscopique 77
2.34 (a) La force appliquée sur le projectile en fonction du temps dans le cas de vitesse d'impact de 60 m/s ; (b) Les courbes de force normalisées ; (c-e) Les configurations des modèles multi-échelles dans les moments spécifiques 78
2.35 (a) La force appliquée sur le projectile en fonction du temps dans le cas de vitesse d'impact de 245 m/s ; (b) Les courbes de force normalisées ; (c-e) Les configurations des modèles multi-échelles dans les moments spécifiques 79
2.36 Un modèle géométrique d'un tissu 3D orthogonal de trois couches sur TexGen 81
2.37 Un modèle géométrique d'un tissu 3D orthogonal de cinq couches sur WiseTex : (a) Une vue 3D, (b) Une vue latérale 82
2.38 Tissu 3D orthogonal de 3 couches modélisé avec : (a) Des éléments coque ; (b) Des éléments solides 82
2.39 Tissu 3D angle-dans l'épaisseur de 5 couches modélisé avec des éléments coque 83
2.40 Tissu 3D angle-dans l'épaisseur de 5 couches modélisé avec des éléments solides 83
2.41 Organisation des fils et des éléments dans les groupes avec le nouvel outil 84
2.42 (a) Les directions des axes locaux d'un élément solide du fil ; (b) Les directions des axes locaux d'un élément de coque dans un fil 84

2.43 (a) Configuration initiale du système d'impact balistique sur un tissu 3D d'interlock couche par couche - dans l'épaisseur de 3 couches ; (b) Illustration détaillée du modèle mésoscopique du tissu 3D d'interlock couche par couche - dans l'épaisseur de 3 couches 84

2.44 (a) Configuration du tissu 3D d'interlock angle - dans l'épaisseur de 3 couches à $58,5\ \mu s$ dans le cas d'impact 90 m/s ; (b) Résultat expérimental d'un tissu 3D similaire [BFJM10] ; (c) Configuration au point d'impact dans la figure (a) 86

2.45 Evolution de la déformation globale du tissu dans le cas d'impact à 90 m/s 86

2.46 (a) Configuration du tissu 3D d'interlock angle - dans l'épaisseur de 3 couches après la perforation dans le cas d'impact 900 m/s ; (b) Résultat expérimental d'un tissu 3D similaire [BFJM10] ; (c) Configuration au point d'impact dans la figure (a) 87

2.47 Evolution de la déformation globale du tissu dans le cas d'impact de 900 m/s 88

2.48 Configuration du tissu 3D d'interlock d'angle - dans l'épaisseur soumis à l'impact de 200 m/s à $49,8\ \mu s$ dans le cas où seuls les fils de chaîne sont fixés : (a) Vue globale ; (b) Dommages aux bords libres 89

2.49 Configuration du tissu 3D d'interlock d'angle - dans l'épaisseur soumis à l'impact de 200 m/s à $49,8\ \mu s$ dans le cas où seuls les fils de trame sont fixés : (a) Vue globale ; (b) Dommages aux bords libres 89

2.50 Evolution de la dimension de la pyramide pour l'impact à 200 m/s avec deux conditions aux limites différentes : (a) dans le sens chaîne ; (b) dans le sens trame 90

2.51 Evolution de la vitesse du projectile dans le cas d'impact 200 m/s avec deux conditions aux limites différentes 91

2.52 Evolution des énergies dans le cas d'impact 200 m/s avec deux conditions aux limites différentes : (a) énergies de déformation ; (b) énergies des contacts 91

2.53 Evolution de la force de réaction imposée sur le projectile dans le cas d'impact 200 m/s avec deux conditions aux limites différentes 92

2.54 (a) Configuration initiale de l'impact balistique sur le tissu 3D orthogonal de cinq couches ; (b) Illustration détaillée du tissu 3D orthogonal de cinq couches 93

2.55 Un quart du modèle de calcul 93

2.56 Comportement à l'impact du tissu 3D orthogonal à des moments différents : (a) $2\ \mu s$; (b) $6,0\ \mu s$; (c) $10,0\ \mu s$ 94

2.57 Evolution en fonction du temps de : (a) la force imposée sur le projectile ; (b) la vitesse du projectile 96

2.58 Configuration du tissu 3D orthogonal de 5 couches à 10 μs dans le cas où le frottement est imposé pour les deux contacts : fils/fils et projectile/tissus (f_1) 97

2.59 Configuration du tissu 3D orthogonal de 5 couches à $10\mu s$ dans le cas où le frottement est imposé uniquement pour le contact fils/fils (f_2) . 98

2.60 Configuration du tissu 3D orthogonal de 5 couches à $10\mu s$ dans le cas où le frottement est imposé uniquement pour le contact projectile/tissu (f_3) 98

2.61 Configuration du tissu 3D orthogonal de 5 couches à $10\mu s$ dans le cas sans frottement (f_4) 99

3.1 Système de la traction statique sur les fils 103
3.2 Image de la configuration finale d'un test de traction statique sur le fil 104
3.3 Principe schématique de la traction dynamique du fil : (a) état initial ; (b) pendant le test 105
3.4 Images réelles du système de la traction dynamique sur le fil 105
3.5 Système porte projectile/projectile dans la traction dynamique : (a) Photo réelle ; (b) Photo dans la conception ; (c) Dimensions 106
3.6 Illustration de l'enroulement du fil sur les cylindres du projectile et du porte-projectile 106
3.7 Courbe statique contrainte - déformation du fil : (a) Twaron 3360 dtex ; (b) Kevlar 129 107
3.8 Comparaison du comportement de traction statique entre le fil Kevlar et Twaron 108
3.9 Configurations de l'essai de traction dynamique entre 0 μs et 1344 μs 109
3.10 Système des tests balistiques : (a) Image réelle, (b) Schématisation . . 112
3.11 Fixation du tissu dans le cadre avec les cylindres 113
3.12 Configurations de l'impact de 306 m/s sur le tissu 3D : (a) Vue latérale ; (b) Vue en face derrière 115
3.13 Déplacement du sommet de la pyramide de déformation dans le cas d'impact de 306 m/s 116
3.14 Développement de la pyramide de déformation dans le cas d'impact de 306 m/s 116
3.15 Configurations de l'impact de 400 m/s sur le tissu 3D : (a) Vue latérale ; (b) Vue en face derrière 118
3.16 Développement de la pyramide de déformation dans le cas d'impact de 400 m/s 119
3.17 Photos microscopiques des sections perpendiculaires aux : (a) Fils de trame ; (b) Fils de chaîne 120
3.18 Comparaison de géométrie entre le modèle numérique et la réalité : (a) Dans le plan du tissu ; (b) Dans la section transversale 121
3.19 Modélisation de la section transversale des fils dans le tissu 3D d'interlock-angle-dans-l'épaisseur 122
3.20 Configuration du modèle numérique des tests balistiques sur les tissus 3D d'interlock-angle-dans-l'épaisseur-de-4-couches avec les cylindres : (a) Vue globale ; (b) Maillage en détail 122
3.21 Comparaison dans le cas l'impact de 306 m/s avec une vue latérale entre : (a) Expérience ; (b) Résultat numérique avec les propriétés dynamiques ; (c) Résultat numérique avec les propriétés statiques . . 124
3.22 Comparaison dans le cas l'impact de 306 m/su avec une vue en face derrière entre : (a) Test 6 ; (b) Contour de vitesse du modèle numérique utilisant les propriétés dynamiques ; (c) Contour de vitesse du modèle numérique utilisant les propriétés statiques 125
3.23 Comparaison dans le cas d'impact non perforation sur le déplacement du sommet de la pyramide de déformation entre : L'expérience, le résultat numérique avec les propriétés dynamiques et le résultat numérique avec les propriétés statiques 126
3.24 Comparaison dans le cas d'impact non perforation sur développement de l'onde transversale dans la direction de chaîne entre : Expérience, résultat numérique avec les propriétés dynamiques et résultat numérique avec les propriétés statiques 127

3.25 Comparaison dans le cas d'impact non perforation sur développement de l'onde transversale dans la direction de trame entre : Expérience, résultat numérique avec les propriétés dynamiques et résultat numérique avec les propriétés statiques 127
3.26 Comparaison avec une vue latérale de l'impact de 400 m/s entre : (a) Expérience; (b) Résultat numérique avec les propriétés dynamiques; (c) Résultat numérique avec les propriétés statiques 129
3.27 Comparaison dans le cas d'impact 400 m/s avec une vue en face derrière entre : (a) Expérience; (b) Résultat numérique avec les propriétés dynamiques; (c) Résultat numérique avec les propriétés statiques 130
3.28 Comparaison de l'évolution de la vitesse du projectile entre : l'expérience, le résultat numérique avec les propriétés dynamiques et résultat numérique avec les propriétés statiques 131
3.29 Comparaison dans le cas d'impact à 400 m/s sur la configuration au point d'impact à 54 μs entre : (a) Expérience, (b) Résultat numérique avec les propriétés dynamiques, (c) Résultat numérique avec les propriétés statiques 132
3.30 Comparaison du développement de l'onde transversale dans la direction de chaîne entre : Expérience, résultat numérique avec les propriétés dynamiques et résultat numérique avec les propriétés statiques . . 132
3.31 Comparaison du développement de l'onde transversale dans la direction de trame entre : Expérience, résultat numérique avec les propriétés dynamiques et résultat numérique avec les propriétés statiques . . 133

4.1 Schéma de l'hypothèse de l'augmentation locale de la déformation au point d'impact à cause des réflexions des ondes 137
4.2 Schématisation de la réflexion de l'onde de déformation longitudinale sur un fil primaire 138
4.3 Schéma de la transmission d'une onde de déformation à travers une interface entre deux matériaux M_1 et M_2 138
4.4 Schéma de l'impact à l'instant t_j où la couche j commence à être impactée 139
4.5 Pyramide de déformation de la couche j à l'instant t 141
4.6 Configuration de la couche j à l'instant t 141
4.7 Schéma des zones des fils primaires et secondaires dans le cas d'impact du FSP sur le tissu 143
4.8 Configuration des fils primaires de la couche j entre t - Δt et t dans le cas $r_t^j(t - \Delta t) \geq \frac{l}{2}$ 144
4.9 (a) Schéma de la pyramide de déformation pendant l'impact; (b) Validation du modèle analytique par rapport au modèle numérique et aux points expérimentaux sur : l'évolution de la largeur de la pyramide et sa hauteur 146
4.10 Résultat du modèle analytique sur l'évolution continue de la vitesse du projectile pour le cas d'impact de 375 m/s 147
4.11 Résultat du modèle analytique sur l'évolution continue des différentes énergies pour une vitesse d'impact de 375 m/s 148
4.12 Variation de la limite balistique de la cible en fonction de différentes distances entre les couches 149
4.13 Pourcentage de couches perforées pour différentes vitesses d'impact avec une distance inter-couches de : (a) = 2,75 mm; (b) = 0,0015 mm 151

4.14 Effet de la taille de la cible sur la limite balistique du tissu 2D toile Style 745S 152

A.1 Armures de base [Bou] 167

B.1 Rencontre entre une onde longitudinale et une transversale : (a) Avant la rencontre ; (b) Après la rencontre [Cra54] 170
B.2 Le projectile attaché à une lame de rasoir [Wan07] 171
B.3 Séquences à haute vitesse pour les impacts sur les fils de Kevlar avec une précontrainte de 170 MPa dans les cas de vitesse d'impact de (a) 55 m/s et (b) 170 m/s. Pas de temps 20 μs [Wan07] 172

C.1 Schématisation du system de la traction dynamique sur le fil (Unité = 1 mm) 173

D.1 Armure du tissu 3D interlock étudiée 174
D.2 Fixation du tissu utilisant les cartons et la résine 175
D.3 Phases d'endommagement du tissu dans le test 4 avec la fixation utilisant les cartons 176
D.4 Evolution de la vitesse du projectile du test 4 dans le cas de fixation avec les cartons 176
D.5 Configurations du test 4 dans le cas de fixation avec les cartons . . . 177

Liste des tableaux

1.1 Tests de traction dynamique sur les fils ou fibres à haute performance dans la littérature [HM10] 27

2.1 Cas de l'étude paramétrique sur les propriétés mécaniques transversales du fil utilisant les valeurs expérimentales selon [CCW05] comme la référence 60

3.1 Choix des matériaux pour le projectile et le porte-projectile 107
3.2 Résultats des essais de traction statique sur les fils 108
3.3 Résultats des essais de traction dynamique sur les fils Kevlar 129, type 964C, dtex 1100 110
3.4 Comparaison des propriétés mécanique du fil Kevlar 129 entre l'état statique et dynamique 110
3.5 Propriétés mécaniques du fil Twaron 3360 dtex 123

B.1 Les vitesses des ondes longitudinales C_l et les valeurs de l'angle au sommet de la pyramide pour le fil Kevlar dans des conditions des prétensions différentes T_0 (ou précontrainte : σ_0) et des vitesses d'impact différentes V [Wan07] 171

D.1 Résultats des 5 tests balistiques sur les tissus fixés par les cartons et la résine 175

Introduction générale

Contexte et objectif du travail

La thèse s'est déroulée dans le cadre du projet, EPIDARM (European Protective Individual Defence Armour). Ce projet financé par EDA (European Defense Agency), concerne le développement de matériaux innovants afin de définir les différents systèmes de protection individuelle utilisant des matériaux tissés.

Dans le cadre de ce projet, le sujet de thèse porte sur la caractérisation et l'optimisation des structures textiles soumises à un impact balistique. L'objectif de ce travail est d'établir une modélisation numérique pour la représentation géométrique des tissus textiles et pour la prédiction de leur comportement dynamique dans le cas d'un impact balistique. Cette modélisation permettra de concevoir les systèmes de protection balistique comme les gilets pare-balles, par exemple (Fig. 1).

Le travail de cette thèse porte essentiellement sur la simulation numérique du phénomène d'impact balistique dans le cas d'un tissu 2D et un tissu 3D. La validation des résultats numériques est basée sur des données expérimentales issues de la littérature d'une part et faisant l'objet d'une étude expérimentale d'autre part.

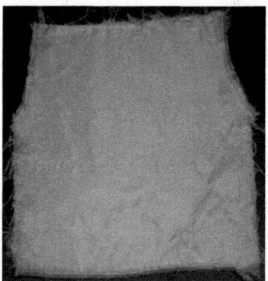

Figure 1 – *Gilet pare-balles*

Organisation du rapport

Dans le cadre de travail de ma thèse, trois approches ont été développées pour l'étude du comportement mécanique d'un tissu soumis à un impact balistique : une simulation numérique, une modélisation analytique ainsi qu'une étude expérimentale.

Le présent rapport est organisé en quatre chapitres principaux :
- **Le chapitre 1** présente une étude bibliographique portant sur l'état de l'art des matériaux fibreux pour la protection balistique. Le tissu est le résultat du

processus d'entrecroisement des fils. Chaque fil est composé de centaines de fibres individuelles. Pour les tissus, il existe 3 échelles différentes de recherche :
- L'échelle macroscopique : Le tissu est considéré comme une plaque homogène.
- L'échelle mésoscopique : On considère le comportement du tissu au niveau des fils en supposant que le fil est un matériau homogène.
- L'échelle miroscopique : On considère le comportement du tissu au niveau des fibres individuelles.

Les modèles numériques élaborés aux échelles du tissu macroscopique et mésoscopique sont présentés. De même, des approches expérimentales et des modèles analytiques sont exposées dans ce chapitre.

– **Le chapitre 2** porte sur la modélisation numérique des tissus soumis à un impact balistique utilisant un code de calculs par éléments finis Radioss. En fait, la modélisation numérique de l'impact balistique des tissus dans la littérature est généralement limitée au tissu 2D. Le premier objectif de ce chapitre est d'utiliser les données de la littérature pour construire les modèles macroscopiques, mésoscopiques et multi-échelles de l'impact sur les tissus 2D pour déterminer une configuration optimale et pertinente. Les avantages et les inconvénients de ces modèles sont analysés. La validation de la modélisation est fondée sur les résultats analytiques et expérimentaux. L'influence des paramètres intrinsèques du matériau est étudiée pour les cas du tissu 2D.
Le deuxième objectif est de développer un outil numérique qui permet de modéliser géométriquement tous les types de tissus 3D à l'échelle mésoscopique. Grâce à cet outil, les mécanismes d'endommagement des tissus sont numériquement analysés et comparés avec les observations expérimentales pour les deux cas d'impact : non perforation et perforation. Les effets de bord sont également étudiés sur un tissu 3D pour une vitesse d'impact donnée.
Ensuite, l'influence des frottements sur la performance balistique des tissus 3D est discutée : frottements fils/fils, fils/projectile.

– **Le chapitre 3** présente les procédures des essais effectués pour valider les travaux de la modélisation numérique. Les essais des tractions statique et dynamique sont réalisés sur des fils pour introduire des paramètres du matériau dans le modèle numérique. Les tissus 3D sont balistiquement testés et confrontés avec le modèle numérique mésoscopique. Dans ce chapitre, les outils utilisés sont décrits : les caméras ultra-rapides, l'écran optique, le système de fixation, etc. Les matériels pour les essais sont également abordés : tissus, fils, projectile, etc. Les résultats expérimentaux sont analysés et discutés. Une comparaison entre les résultats numériques et expérimentaux est également effectuée pour valider le modèle mésoscopique par le tissu 3D.

– **Le chapitre 4** utilise l'approche analytique pour étudier l'impact balistique sur les tissus 2D à n couches. En effet, dans la littérature, quelques modèles analytiques ont été proposés. Cependant, ces modèles sont limités à la prévision des paramètres fixes comme l'énergie absorbée du tissu, la vitesse limite de perforation du tissu. L'objectif de cette partie est de construire un modèle qui peut prédire d'une façon continue l'impact balistique sur les tissus 2D. Les modèles existants ne prennent pas en compte les réflexions des ondes de déformation sur les fils aux points d'entrecroisement pendant l'impact. A cet effet, on présente une formulation réduite qui permet de décrire l'effet des réflexions des ondes de déformation. La validation du modèle est établie par comparaison avec les résultats expérimentaux. Pour cela, nous avons incorporé les constantes dynamiques de matériau. Ensuite, nous avons étudié les effets des paramètres intrinsèques et extrinsèques sur le modèle.

A la fin de ce rapport, nous donnons les conclusions générales du travail de thèse et des perspectives envisageables pour améliorer les résultats obtenus.

Chapitre 1

Étude bibliographique

> Ce chapitre présente l'état de l'art des fibres à haute performance pour la protection balistique. Les études expérimentales et analytiques sur l'impact transversal d'un fil sont abordées. Les résultats des tests balistiques sur les tissus secs dans la littérature sont synthétisés. Les modèles analytiques des tissus soumis à l'impact balistique sont introduits. Ce chapitre porte également sur l'état de l'art du comportement d'un fil soumis à des tests de traction dynamique. La modélisation numérique de l'impact balistique sur des tissus est détaillée à l'aide de différents types de modélisation.

Sommaire

1.1	Fibres pour la protection balistique	2
	1.1.1 Fibres aramide	2
	1.1.2 Fibres HMWPE	2
	1.1.3 Fibres PBO	3
1.2	Tissus pour la protection balistique	3
	1.2.1 Tissus 2D	4
	1.2.2 Tissus 3D	5
	1.2.3 Classification de géométries de tissus 3D	6
1.3	Impact balistique sur les textiles	8
	1.3.1 Impact balistique sur un fil	9
	1.3.2 Impact balistique sur les tissus	14
	1.3.3 Approche analytique de l'impact balistique sur les tissus	20
1.4	Lois de comportement du fil en dynamique rapide	25
1.5	Simulation numérique de l'impact balistique sur les tissus	31
	1.5.1 Modélisation macroscopique et mésoscopique	31
	1.5.2 Modélisation multi-échelle	39
	1.5.3 Modélisation numérique des tissus 3D	41
1.6	Synthèse	43

1.1 Fibres pour la protection balistique

L'industrie des fibres synthétiques est en constante évolution. Le champs d'application de ces fibres techniques est très large notamment en raison de leurs bonnes propriétés mécaniques et physico-chimiques. Ces fibres sont présentes dans de nombreux domaines : automobile [TSP08], aéronautique, aérospatial, médicale, et bien d'autres [Hu08]. Récemment, certains tissus textiles à base de ces fibres intègrent de l'électronique flexible, de la microfluidique et des matériaux actionnés pour former les "textiles intelligents" [PWSS10]. Dans le domaine militaire, on a recours aux fibres balistiques [Bha06]. Les recherches actuelles se focalisent sur l'augmentation des performances mécaniques (résistance au chargement rapide, durée de vie, etc.), la diminution du coût de production et la masse. Ces fibres balistiques peuvent être tissées à l'aide des métiers traditionnels. Les propriétés des fibres balistiques découlent des polymères utilisés et du processus de filage. Une des performances majeures de ces fibres est la résistance à la traction. Elle est conditionnée par la microstructure et l'orientation moléculaire dans le polymère. Le processus de filage peut être optimisé pour avoir une microstructure et une orientation des particules souhaitées. Les sections suivantes introduisent trois types de fibres d'utilisation courante en balistique : aramide, HMWPE (High-Molecular-Weight Polyethylene) et PBO (p-phenylene-2,6-benzobisoxazole).

1.1.1 Fibres aramide

Introduites à la fin des années 60 par Dupont [Wag06], elles sont constituées de polyamides créés à partir des acides aromatiques et des amines. Par rapport aux fibres de Nylon, elles possèdent une bien meilleure résistance thermique et à la traction grâce à une forte adhésion entre les groupes d'amide et les groupes aromatiques [TB06]. Le nylon est donc de plus en plus remplacé par ces fibres dans les blindages militaires. De nos jours, ces fibres sont de type para-aramides et commercialisées sous les noms Kevlar® et Twaron®. Ces para-aramides sont le résultat d'une polymérisation entre un acide téréphtalique et un diamine-phényle ou un acide p-aminobenzoic [HK05, Mai08]. Un assemblage à haut niveau et une géométrie plus linéaire des "para-linkages" conduisent à une robustesse considérablement améliorée de ces fibres. Après la polymérisation, ils sont dissous dans la solution concentrée de l'acide sulfurique et ensuite filés par la technologie "dry-jet-wet-pining" [Mai08]. On peut résumer leurs propriétés concernant l'impact balistique [Mai08] :
- Bonne résistance à l'abrasion
- Bonne résistance chimique
- Bonne résistance à la dégradation thermique (-42°C à +180°C)
- Excellente stabilité dimensionnelle avec un coefficient légèrement négatif de l'expansion thermique
- Robustesse constante à hautes températures
- Même résistance à la compression que les fibres verre E
- Résistance balistique rétablie des fibres humides après le séchage

1.1.2 Fibres HMWPE

Elles sont obtenues à partir des polyéthylènes thermoplastiques de grande masse moléculaire. Elles ont été introduites au milieu des années 80 et ensuite commer-

1 Étude bibliographique

cialisées sous les noms : Spectra® et Dyneema® par la technologie "gel-spun" [Bha06, Wag06, Mai08]. Cette technologie autorise une orientation moléculaire élevée pour ces fibres. C'est la raison pour laquelle elles jouissent d'une bonne ténacité, de bonnes résistances chimiques et à l'abrasion. Néanmoins, elles possèdent quelques points faibles : ramollissement faible, petite température de fusion, fluage facile sous chargement élevé [Bha06]. Voici, le bilan des performances balistiques de ces fibres [Mai08] :
- Bonne résistance à l'abrasion
- Perméabilité faible
- Bonne résistance chimique
- Bonne résistance à la dégradation thermique (+50°C à +100°C)

1.1.3 Fibres PBO

Les fibres PBO ont été introduites dans les années 90. Ce sont des polyphénylène-benxobisozazoles qui ont une structure aromatique répétée [Bha06]. Elles sont commercialisées sous le nom Zylon®. Pour la fabrication de ces fibres, on utilise la même technologie "dry-jet wet spinning" que les fibres d'aramides. Leurs propriétés sont similaires aux aramides avec toutefois un module et une ténacité deux fois plus élevées. En 2005, l'institut nationale de la justice des États-Unis qui est l'auteur de la norme NIJ a supprimé toutes les certifications sur les gilets balistiques en Zylon suite à des défauts constatés après des tests balistiques [Mai08].

1.2 Tissus pour la protection balistique

Depuis quelques décennies, avec le développement des industries textiles, les matériaux à base de fibres à haute performance mécanique ont pu être mis en application dans le domaine de la protection balistique. Leur masse surfacique a considérablement diminué depuis ces trois dernières décennies (Figs. 1.1, 1.2). De plus,

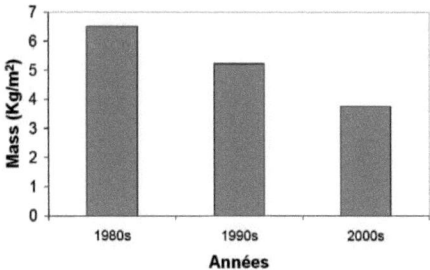

Figure 1.1 – *Progrès technologiques des gilets souples pare balle [Wag06]*

il est facile de combiner ces matériaux textiles avec des résines pour former des structures complexes en vue d'applications variées. Ces matériaux peuvent être les laminées unidirectionnelles (Fig. 1.3a), les non-tissés constitués de fibres discontinues ou continues disposées aléatoirement dans le plan (ou dans l'espace) (Fig. 1.3b) ou encore tricotés, tressés, tissés (Figs. 1.4a, b, c). Les tissus textiles 2D et 3D appliqués à la protection balistiques sont introduits ci-après.

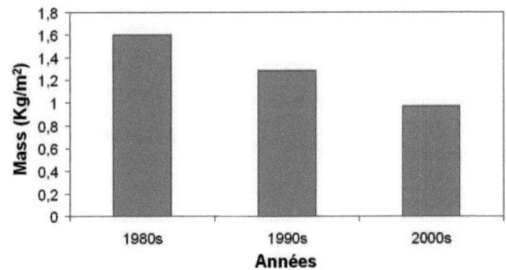

Figure 1.2 – Progrès technologiques des casques militaires [Wag06]

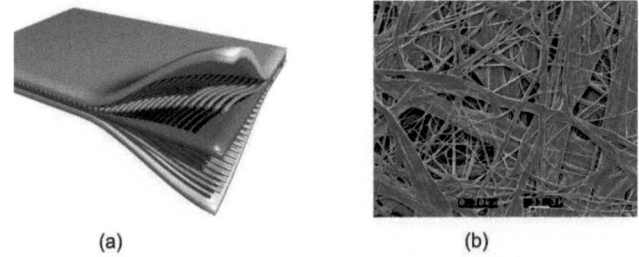

Figure 1.3 – Préformes textiles non-tissés : a) Laminés unidirectionnels ; b) Laminés non-tissés (strand mat)

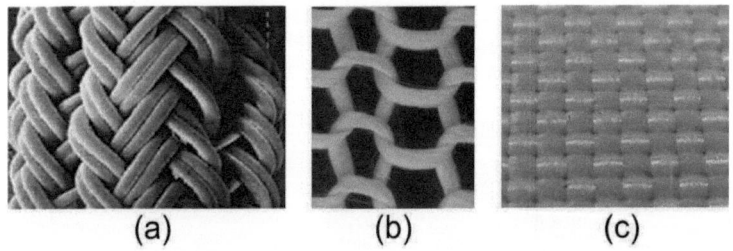

Figure 1.4 – Préformes textiles : a) Tressés ; b) Tricotés [Hag04], c) Tissés

1.2.1 Tissus 2D

Un tissu est la surface obtenue à la fin des processus d'entrecroisement des deux systèmes des fils : Fils de chaîne et Fils de trame (Fig. 1.5). Au cours de la fabrication, les fils de chaîne se trouvent dans la longueur du tissu. Ils sont toujours tendus et leur tension est régulièrement contrôlée par un système de rouleaux correspondants. Les fils de trame sont introduits dans la largeur par des systèmes d'insertion tels que : navette, projectiles, lances, jet d'air [Bou]. Après l'insertion des fils de trame en état relâché, ces derniers sont tassés par un peigne pour former le tissu final. Grâce à la fixation des fils de chaînes par la tension et la force appliquée par le peigne, le

1 Étude bibliographique

tassement des fils de trame assure une certaine densité ainsi qu'un certain serrage pour le tissu final. Ensuite, l'angle des fils de chaîne est fermé par le déplacement vertical des cadres, ceci fixe le fil de trame venant d'être tassé. Ce processus est répété pour obtenir la longueur désirée du tissu.

Cet entrecroisement des systèmes de fils crée une bonne structure textile potentiellement efficace contre la pénétration des projectiles. Par ailleurs, le tissu garde encore une bonne flexibilité pour créer des formes surfaciques variées.

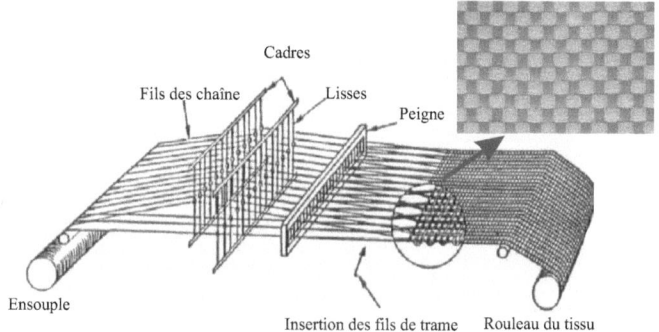

Figure 1.5 – Schéma du tissage

1.2.2 Tissus 3D

Dans les structures 2D, les fils sont placés dans un plan avec une épaisseur du tissu est très petite par rapport aux autres dimensions. Ces tissus 2D constituent, en général, les couches des laminés. Á la différence des structures 2D, les tissus 3D ont une épaisseur non négligeable par rapport aux autres dimensions.

La figure. 1.6 illustre le processus de tissage dans les cas d'une structure 2D et 3D. Les fils de chaîne ondulant dans l'épaisseur se nomment les fils de liaison. Selon Ananur 1995 [Wag06], le nombre de possibilités d'insertion des fils de chaîne dans la structure 3D est énorme. En effet, une structure 3D peut être formée d'un nombre illimité de couches qui peuvent être liées entre elles d'une multitude de façons.

En plus des fils de chaîne de liaison qui ondulent et passent dans l'épaisseur pour solidariser les couches (Fig. 1.6b), on peut avoir des fils droits de chaîne (Fig. 1.6b). Ces fils droits, fils de renfort (stuffing yarns), ont pour fonction d'améliorer l'étanchéité et la performance dans la direction "chaîne" du tissu.

Les structures 3D apportent plusieurs avantages par rapport aux tissus 2D [Hu08, BLB08, TJ91, CHB96] :
- Meilleures propriétés interlaminaires et dans l'épaisseur grâce à une structure renforcée par l'insertion des fils de chaîne dans l'épaisseur.
- Facilité pour fabriquer des structures de formes complexes par la technologie "near-net-shape" grâce à une haute flexibilité des tissus 3D malgré une forte épaisseur.
- Possibilité de substituer les préformes de renforts non-tissés par des structures 3D à plus forte densité volumique de fibres en vue de la fabrication de structures plus légères et robustes.

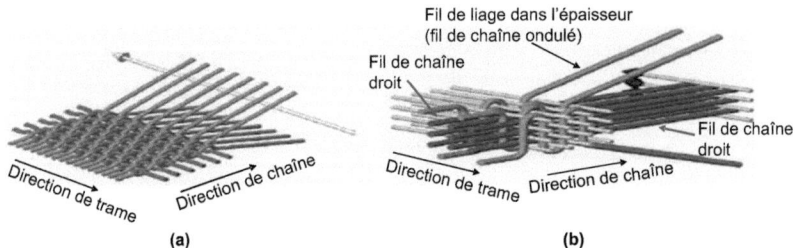

Figure 1.6 – *Processus de tissage : a) Structure 2D ; b) Structure 3D [Wag06]*

- Hautes résistances aux dommages engendrés par de multi-impacts balistiques ou des projectiles à faible vitesse.
- Possibilité d'amélioration de la rigidité du tissu par ajout de fils droits de renforts.

En outre, la possibilité de réaliser les tissus 3D à l'aide des métiers 2D traditionnels, rend leur production peu onéreuse par rapport aux technologies complexes [Hu08, YD04]. Les tissus 3D sont donc des structures prometteuses dans le domaine de la protection balistique. Afin de concevoir un bon tissu 3D, Ding et al. 2001 préconisent de suivre les trois critères suivants [DY01] :
- L'armure doit être symétrique dans l'épaisseur.
- Au moins un système de fils de chaîne doit être mis sur les surfaces inférieures et supérieures de chaque fil de trame dans une cellule élémentaire pour garder la stabilité.
- Les fils de chaîne doivent être du même type afin d'avoir une même consommation (c'est le rapport entre la longueur du tissu et celle du fil de chaîne introduit).

1.2.3 Classification de géométries de tissus 3D

Il y a deux paramètres géométriques simples pour distinguer les tissus 3D. Le premier paramètre est relatif à l'angle d'ondulation des fils de liaison dans l'épaisseur. Il donne lieu à deux types principaux de tissu : tissu 3D angle et tissu 3D orthogonal. Le second paramètre correspond à la profondeur à laquelle les fils de chaîne pénètrent dans l'épaisseur, il donne lieu à deux types de tissus : couche par couche et dans l'épaisseur. En combinant ces deux paramètres, on obtient quatre types de tissu 3D de base (Fig. 1.7) :
- Orthogonal couche par couche (O/C)
- Orthogonal dans l'épaisseur (O/E)
- Angle couche par couche (A/C)
- Angle dans l'épaisseur (A/E)

L'armure orthogonale donne une fraction de fibres dans le tissu plus grande que les armures angle notamment dans le sens de l'épaisseur. En comparaison avec les armures couche par couche, celles dans l'épaisseur nous fournissent un volume plus important des fibres dans un tissu. Pourtant, les armures orthogonales et dans l'épaisseur restreignent la flexibilité des tissus en comparaison avec les armures angle et couche par couche [YD04, Hu08]. En effet, l'armure des tissus joue un rôle important

1 Étude bibliographique

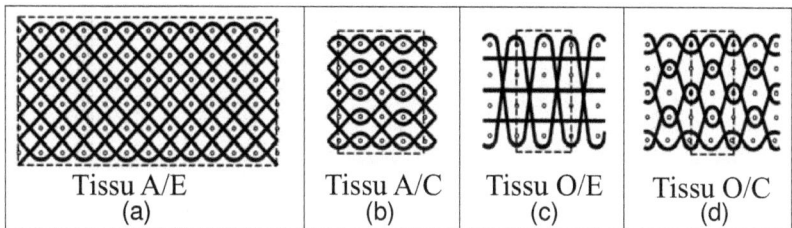

Figure 1.7 – *Types de base des tissus 3D [YD04]*

pour ses propriétés mécaniques [HAG06].
Les armures 3D introduites ci-dessus sont des systèmes complexes. Yi et al. [YD04] et Hu [Hu08] ont proposé une méthode simple pour la description géométrique des armures 3D. Cette méthode consiste à numéroter les fils de chaîne en fonction des cadres et ceux de trame en suivant l'ordre d'insertion de ces fils dans le tissu (Fig. 1.8).

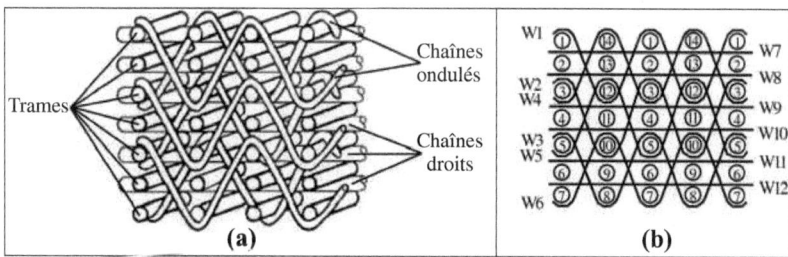

Figure 1.8 – *Numérotation des fils dans une armure du tissu 3D : (a) Vue globale d'une armure 3D ; (b) Numérotation des fils dans la section transversale de trame de l'armure 3D*

Cette numérotation permet un travail stable des cadres. Les fils de chaîne dans une même section transversale sont groupés et dessinés dans une dent du peigne afin d'éviter le frottement entre eux (Fig. 1.9).

La figure 1.9 montre que les fils de chaîne dans une section transversale sont placés parallèlement, par conséquent, ils ne peuvent se toucher au cours du tissage. Dans ce cas, les fils de chaînes sont divisés en trois groupes : deux ondulés {W1,W2,W3}, {W4,W5,W5} et un seul groupe de fils droits {W7,W8,W9,W10, W11,W12}. Chacun a besoin d'une dent correspondante. Ce codage a une grande généralité, il peut être appliqué pour tous les types de tissu 3D.

Outre l'armure, les paramètres géométriques d'un tissu 3D comportent la densité des fils, la section des fils, le nombre de couches [Hu08, BLB08, YD04]. La géométrie du tissu 3D est extrêmement compliquée en raison de ces nombreux paramètres, on cite :

- **Densité des fils** : Elle influence la section des fils dans le tissu. Si la densité est élevée, la largeur de la section des mèches est réduite et sa hauteur augmente. Si la densité est faible, il y aura trop de vides, la géométrie du tissu ne

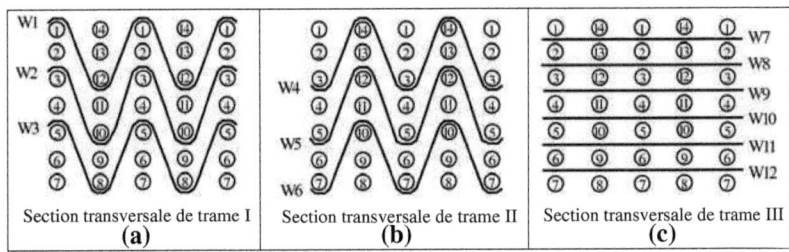

Figure 1.9 – *Chaînes ondulé et droit dans une dent*

sera pas stable.

- **Section des fils** : La rigidité de flexion des fils dépend directement de leur section droite. La géométrie de la section des fils influence l'ondulation et le frottement des mèches dans le tissu.

- **Nombre de couches** : Ce facteur est souvent utilisé pour différencier les tissus de même armure. En effet, même avec une armure similaire, la géométrie du tissu pourra être changée aux niveaux de la section des fils, la courbure des fils, la densité des fils à cause des impacts au cours du tissage.

En résumé, on peut présenter une liste complète des paramètres pour spécifier les différents types de tissu 3D souple balistique, à savoir :
- Type des fibres utilisées
- Nombre des couches des fils de chaîne et de trame (N_{Wa} et N_{We})
- Armure
- Nombre des filaments dans une mèche de chaîne et de trame
- Densité des fils de chaîne et de trame (Nombre de fils de chaîne et de trame par cm)
- Masse surfacique du tissu (g/m^2)
- Épaisseur (mm)

1.3 Impact balistique sur les textiles

Cette section aborde de l'impact balistique sur un textile. Ce matériau textile peut être modélisé et observé suivant trois échelles :
- A l'échelle macrosocpique pour un tissu
- A l'échelle mésoscopique pour un fil
- A l'échelle microscopique pour une fibre

La taille des projectiles utilisés dans le domaine de la protection balistique pour les gilets pare-balles restreint l'observation des phénomènes existants aux échelles macroscopiques et mésoscopiques. Cette section se décompose alors en trois parties d'études bibliographiques :
- L'impact balistique sur un fil
- L'impact balistique sur un tissu
- L'approche analytique de l'impact balistique sur les tissus

1.3.1 Impact balistique sur un fil

La théorie d'un impact sur un fil a été étudiée par Stone en 1955 d'après les travaux de Choron et al. [CFK+10]. A partir des résultats expérimentaux en 1956 [SMS+56], Smith et al. [SMS58] ont construit un modèle analytique pour décrire la réponse d'un fil sous un impact balistique transversal à l'échelle d'une vitesse balistique. Actuellement, ce modèle est largement utilisé pour formuler analytiquement la réponse des tissus soumis à l'impact balistique. Il est applicable si les conditions sur la courbe contrainte-déformation sont assurées. En plus, le matériau ne doit pas avoir une large relaxation de contrainte ou d'effets de fluage dans un pas de temps faible.

Ce modèle considère que l'instant où le projectile heurte un fil avec une vitesse initiale constante V_i, deux ondes de déformation sont créées et se propagent à partir du point d'impact : l'une longitudinale et l'autre transversale (Fig. 1.10).

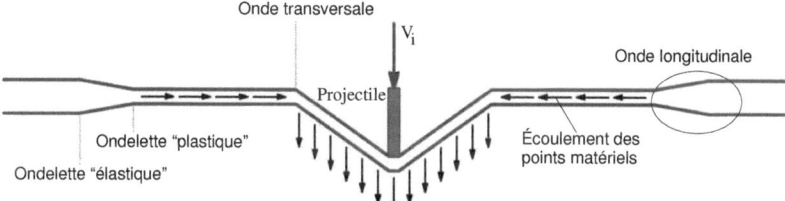

Figure 1.10 – *Schéma des ondes de déformation dans une fibre sous un impact transversal*

L'onde longitudinale aux bords du fil produit deux ondelettes :
- Une ondelette dite "élastique" pour la déformation $\varepsilon = 0$ qui se déplace avec une vitesse :

$$c_e = \sqrt{\frac{1}{\rho}\left(\frac{d\sigma}{d\varepsilon}\right)_{\varepsilon=0}} \quad (1.1)$$

Où σ et ε sont la contrainte et la déformation du fil dans le comportement de traction ; ρ est la masse volumique du fil.
- Une ondelette dite "plastique" pour la déformation $\varepsilon = \varepsilon_p$ générée lors de l'impact :

$$c_p = \sqrt{\frac{1}{\rho}\left(\frac{d\sigma}{d\varepsilon}\right)_{\varepsilon=\varepsilon_p}} \quad (1.2)$$

Entre ces deux ondelettes, la déformation du fil varie de 0 à ε_p. Derrière l'ondelette "plastique", la déformation du fil est constante et égale à ε_p et au loin de l'ondellette "élastique", le fil n'est pas déformé. Quand l'onde longitudinale arrive à une certaine position, les points matériels sont divisés vers le point d'impact, avec une vitesse W :

$$W = \int_0^{\varepsilon_p} \sqrt{\frac{1}{\rho}\frac{d\sigma}{d\varepsilon}}d\varepsilon \quad (1.3)$$

Cet écoulement est toujours dans le sillage du front de l'ondelette "plastique". Il entre dans l'onde transversale qui se propage à la vitesse U [SMS58] :

$$U = \sqrt{\frac{\sigma_p}{\rho(1+\varepsilon_p)}} \quad (1.4)$$

Où $\rho, \varepsilon_p, \sigma_p$: sont successivement la masse volumique, les limites élastiques de la déformation et de la contrainte du fil. Le déplacement de cette onde conduit au développement d'une pyramdie (Figs. 1.10, 1.11). Dans cette pyramide, les points matériels ne se déplacent que dans la direction transversale, et ont par conséquent une vitesse V_i identique à celle du projectile (Fig. 1.11).

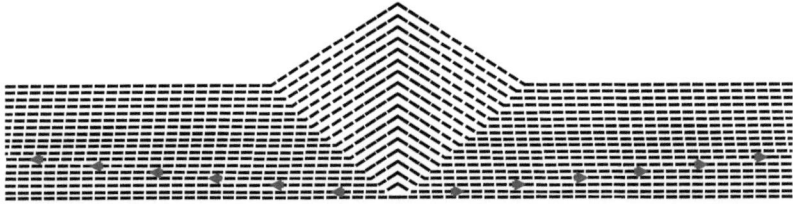

Figure 1.11 – *Configuration du fil chaque $40 \times 10^{-6}s$ du fil élastique après un impact transversal de 180 m/s avec la propagation de l'onde longitudinale (flèche) et le déplacement des points matériels (espaces entre les tirés) [SMS58]*

Il est à noter que la vitesse U est exprimée dans le repère Lagrangien (attaché au fil), se déplaçant et se déformant avec le fil. Derrière le front de l'ondelette "plastique", le matériau du fil est simultanément déformé et déplacé. Donc, la vitesse de l'onde transversale dans un repère attaché au laboratoire est $U(1+\varepsilon_p)cos\theta - W$ (Fig. 1.12). Pour la même raison, la vitesse du front de l'ondelette "plastique" dans le repère attaché au laboratoire, est $(1+\varepsilon_p)c_p - W$. Pour le front d'ondelette "élastique" qui se déplace dans la zone non déformée, sa vitesse est identique dans les deux référentiels.

Le matériau dans la zone limitée par l'onde transversale (la pyramide dans les figures 1.10, 1.11, 1.12) se déplace avec la vitesse du projectile V_i (Fig.1.10) :

$$V_i = \sqrt{(1+\varepsilon_p)^2 U^2 - [(1+\varepsilon_p)U - W]^2} \quad (1.5)$$

En général, le comportement à l'impact d'un fil seul est formulé avec un matériau qui satisfait les conditions de Smith et al. [SMS58]. Dans le cas particulier où le fil est un matériau élastique caractérisé par un module d'Young E, les ondes élastique et plastique se propagent avec une même vitesse :

$$C = \sqrt{\frac{E}{\rho}} \quad (1.6)$$

Dans ces conditions, les vitesses U, V et W sont déterminées par des équations suivantes :

$$U = C\sqrt{\frac{\varepsilon_p}{1+\varepsilon_p}} \quad (1.7)$$

$$V = C\sqrt{\varepsilon_p(1+\varepsilon_p) - [\sqrt{\varepsilon_p(\varepsilon_p+1)} - \varepsilon_p]^2} \quad (1.8)$$

1 Étude bibliographique

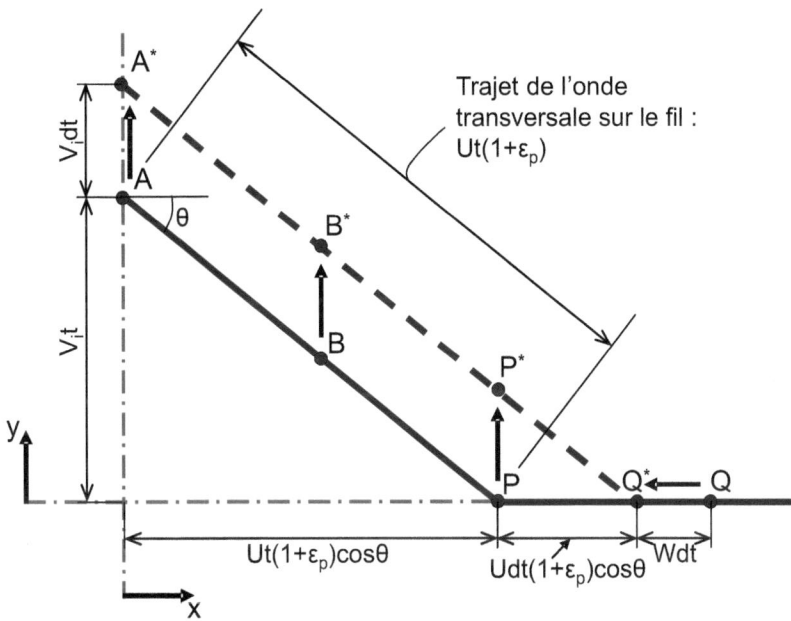

Figure 1.12 – Configuration de la partie positive suivant l'axe x du fil de t $(ABPQ)$ à $t+dt$ $(A^*B^*P^*Q^*)$ après l'impact transversale [SMS58]

$$W = C\varepsilon_p \qquad (1.9)$$

L'équation 1.8 montre que la connaissance de la vitesse d'impact (V) permet d'en déduire la déformation instantanée au point d'impact. Donc, si la vitesse d'impact est faible, les ondes de déformation ont un certain temps pour propager. Dans ce cas, la pyramide de déformation est créée avant la rupture du fil. En revanche, si la vitesse d'impact est assez importante, le fil peut être cassé immédiatement après l'impact en mode de cisaillement.

Carr [Car99] a utilisé une sphère d'acier de 0,68 g montée dans un sabot en nylon 6,6 pour impacter au centre des fils para-aramides et UHMWPE. Cinquante tests balistiques sont effectués sur cinq types de fils avec des vitesses variant entre 346 et 720 m/s. L'énergie absorbée spécifique est calculée en se basant sur les résultats extraits des deux capteurs optiques et d'une caméra ultra-rapide. Deux modes majeurs de déformation sont observés pour les deux matériaux para-aramide et UHMWPE : en forme d'une pyramide de déformation et en cisaillement. Une énergie d'impact critique est identifiée pour chaque matériau, ce qui définit la transition entre ces deux modes de déformation (Fig. 1.13). Cette étude indique que les fils UHMWPE absorbent plus d'énergie que les fils para-aramides au cours de l'impact balistique. Pour les fils para-aramides, il semble qu'une énergie d'impact faible ait entraîné une augmentation de l'énergie absorbée par rapport à celle importante. Cependant, pour les fils UHMWPE, l'énergie d'impact augmente en même temps que l'énergie absorbée. L'impact engendre un endommagement grave de la structure de façon per-

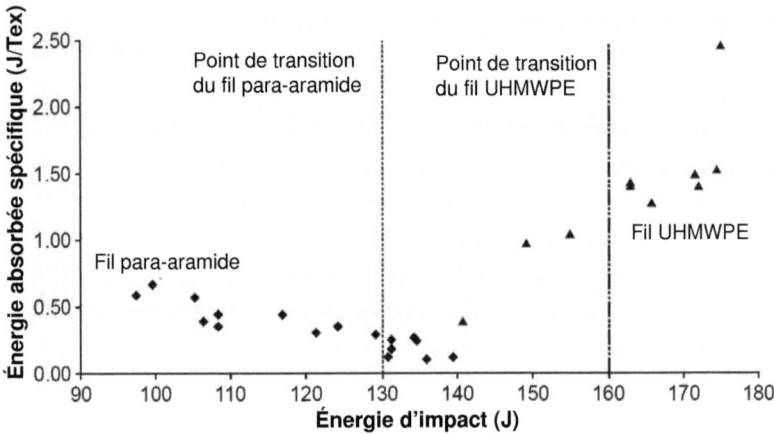

Figure 1.13 – Énergie d'impact absorbée spécifique par les fils [Car99]

manente des fils sur une distance d'environ 40 mm dans tous les échantillons de 0,57 m. L'examen microscopique des échantillons met en évidence un certain nombre de caractéristiques pertinentes dépendant du type des fibres et du mécanisme de rupture (Fig. 1.13).

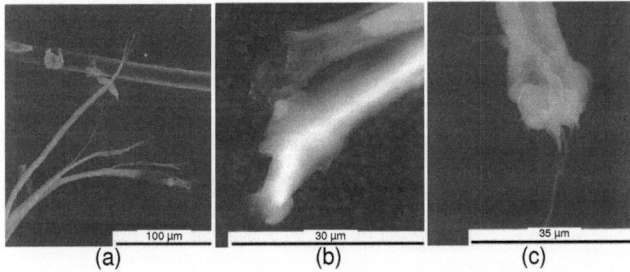

Figure 1.14 – (a) Fibrillation des fibres d'aramide ; (b) Rupture en cisaillement des fibres UHMWPE ; (c) Endommagement par fusion des fibres UHMWPE [Car99]

Les fibres para-aramides sont endommagées par fibrillation pour les deux modes de déformation (Fig. 1.14a). Aucune différence significative dans le mécanisme de rupture n'a été observée pour les trois types de fibres para-aramides Kevlar K129, Kevlar KM2 et Twaron CT. Il semble que la fibrillation des fibres se développe pendant la formation de la pyramide de déformation. Donc, le matériau contribuant à l'absorption d'énergie augmente lorsque le fil est cassé via la formation d'une pyramide de déformation par rapport à un mode en cisaillement transversal.

La fibrillation n'a pas été observée par les fibres UHMWPE. Dans le cas de déformation sous la forme pyramide, seule la rupture par cisaillement des fibres a été observée (Fig. 1.14b). Dans le cas de déformation en cisaillement, il existe des bandes de cisaillement (shear bands) dans la zone adjacente de la section de cisaillement. Dans le cas des énergies d'impact très élevées, le passage du projectile engendre une élévation considérable de la température ce qui conduit à une rupture locale par fusion (Fig. 1.14c). La formation des bandes de cisaillement et la rupture en fusion peuvent conduire à l'augmentation de l'énergie absorbée qui est trouvée dans la zone de mode en cisaillement des fils UHMWPE.

Il est à noter que la théorie proposée par Smith et al. [SMS58] est basée sur l'étude de l'impact d'un fil considéré comme infini en longueur. Dans le cas où le fil est fixé des deux côtés à une même distance du point d'impact, les phénomènes d'impact sont beaucoup plus complexes (Fig. 1.15). Les réflexions de l'onde longitudinale apparaissent alternativement aux points d'impact et de fixation. Elles causent des incréments locaux d'augmentation de la déformation du fil en ces points. En général, l'onde transversale atteint les côtés fixes entre deux réflexions longitudinales et ce avant la rupture du fil, générant ainsi un nouvel impact qui crée de nouvelles ondes longitudinales et transversales (Configuration C dans la figure 1.15). Ce phénomène peut être considéré comme une réflexion de l'onde transversale aux points de fixation. Cela cause une augmentation locale de la déformation du fil et de la vitesse de l'onde transversale. On assiste à un phénomène similaire au point d'impact (Configuration D dans Fig. 1.15).

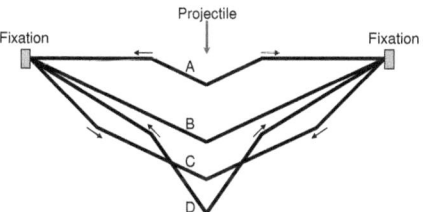

Figure 1.15 – *Configurations du fil en fonction du temps de la propagation de l'onde transversale [WRCR70]*

Ces réflexions de l'onde transversale font augmenter la déformation moyenne du fil avec une vitesse progressive. Cette augmentation est brusque localement au front de l'onde de réflexion de celle transversale.

1.3.2 Impact balistique sur les tissus

La réponse d'un tissu soumis à l'impact peut être assimiler à la combinaison de phénomènes locaux et globaux :
- La réponse globale, dépendant fortement de la dimension de la cible, concerne le transfert de l'onde de déformation et la formation du cône (Fig. 1.16a).
- La réponse locale est caractérisée par les mécanismes de rupture : cisaillement, rupture des fibres, phénomène de poinçonnement (shear plugging), etc (Fig. 1.16b).

La contribution de chaque réponse sera déterminée selon plusieurs paramètres : vitesse d'impact, propriétés du projectile et de la cible, les conditions limites (angle d'impact, méthode de fixation de la cible, température, humidité de l'air, etc). Ces paramètres caractérisent un système d'impact (SI).

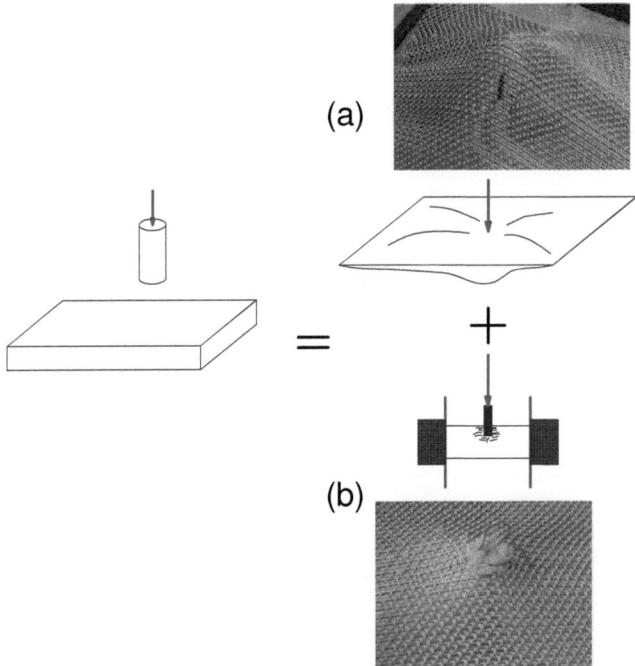

Figure 1.16 – *Réponses d'un cible soumise à l'impact d'un projectile : (a) globale et (b) locale ([SCVP06], [BFJM10])*

En général, pour un système donné, on peut utiliser la vitesse d'impact comme un facteur pour connaître préalablement le comportement dominant alors que plusieurs auteurs considèrent que d'autres facteurs sont plus appropriées pour prédire clairement la nature du comportement [SCVP06] tels que : le rapport des masses projectile/cible, le rapport entre la fréquence du contact local et la fréquence propre de la cible. Les phénomènes d'impact sont distingués par le matériau, la vitesse et la géométrie du système d'impact. L'impact balistique est classé selon des vitesses comprises entre 100 et 1000 m/s [SCVP06]. D'une façon générale, le suivi de l'impact est assuré par deux techniques expérimentales : caméra ultra-rapide (Borvik 1999, 2002) et Laser Doppler (Wu1995) [GJ08].

Les mécanismes d'endommagement d'un tissu soumis à l'impact balistique peuvent être décrits comme suit [SL06] (Fig. 1.17) :
- Les premières fils en contact avec le projectile sont déplacées. Ces fils s'appellent les fils primaires et forment une croix dans les directions chaîne et trame du tissu.
- Les fils primaires transmettent une partie de leur déformation aux fils secondaires par l'intermédiaire des points d'entrecroisement. C'est le mécanisme qui crée un cône ou une pyramide de déformation sur le tissu. Simultanément, les ondes de réflexion apparaissent et se déplacent entre les points d'entrecroisement et le point de contact avec le projectile, augmentant la déformation locale des fibres au point d'impact jusqu'à la rupture.

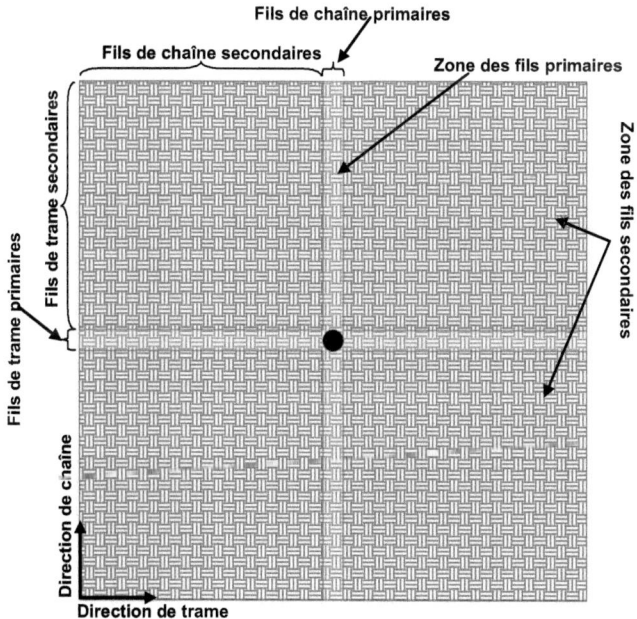

Figure 1.17 – *Phases d'endommagement d'un impact sur le tissu*

Le mécanisme de formation d'un cône absorbe une partie de l'énergie cinétique du projectile. Le diamètre de ce cône est fonction du matériau et augmente avec la rigidité des fibres [SL06].

Le frottement est le premier phénomène non-linéaire d'absorption d'énergie de ces matériaux. Selon le bilan de Shahkarami et al. [SCVP06], l'influence du frottement sur la performance balistique est étudiée par plusieurs auteurs : Martinez (1993), Bazhenov (1997), Kirkwood (2004) en utilisant la technique d'arrachement ("pull-out technique"). Kirkwood et al. [KKL+04a] ont adapté le système d'essai d'arrachement de Shockey et al [SES01] pour tester les fils Kevlar KM2. Dans cet essai, le tissu est précontraint et fixé dans la direction transversale (Fig. 1.18). Certains fils sont tirés dans la direction longitudinale. Le comportement de ces fils est divisé en deux phases principales : "De-crimping" et translation (Fig. 1.19). La force pour tirer les fils augmente rapidement dans la phase de "De-crimping" à un point "pic", ensuite, elle diminue progressivement pour tendre vers zéro dans la phase de translation.

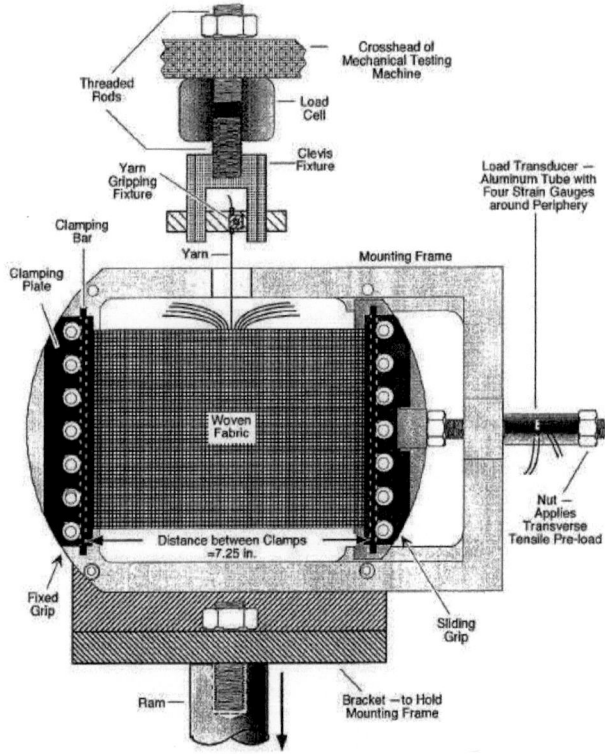

Figure 1.18 – *Installation de l'essais d'arrachement (pull-out technique) [SES01]*

Kirkwood et al. [KKL+04b] ont supposé que les processus "pull-out" des fils constituent le mécanisme principal d'absorption d'énergie balistique du tissu. En se basant sur cette hypothèse, ils ont construit un modèle semi-empirique pour prédire l'énergie absorbée. Leurs résultats sont comparables avec les essais (Fig. 1.20).

Contrairement aux plaques en matériaux homogènes ou aux composites tissés, l'énergie absorbée par frottement est plus importante pour les tissus secs. Sa contribution augmente quand la vitesse d'impact diminue. Le frottement a lieu sans cesse au cours de l'impact sur les surfaces de contact suivantes : fils/fils, projectile/fils, etc. Ce dernier est donc tributaire de nombreux coefficients de frottement : mèche-mèche, couche-couche, mèche-projectile ainsi que des conditions de fixation qui limitent le mouvement des mèches. Bazhenov [Baz97] a reconnu que dans les systèmes multi-

1 Étude bibliographique

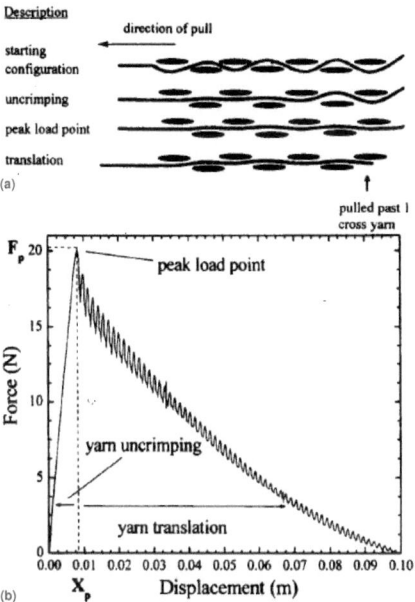

Figure 1.19 – (a) Phases du comportement du fil tiré dans les essais d'arrachement ; (b) Courbe typique force-déplacement d'un test d'arrachement [KKL+04a]

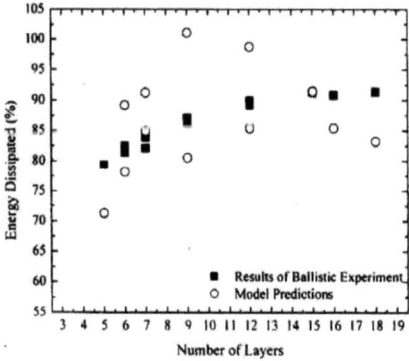

Figure 1.20 – Comparaison entre le modèle de Kirkwood et les résultats expérimentaux al. [KKL+04b]

couches, l'effilochage des fils sur les bords libres est lié à l'énergie d'impact transférée aux fils de chaque couche du tissu. Tan et al. [TLC03] ont également signalé que le glissement des fils était perceptible à proximité des bords libres. Il a été noté que le niveau de glissement du fil, en terme de nombre de fils emmêlés, varie proportionnellement avec l'énergie absorbée par un tissu. Des essais d'impact [BM92, TTT05, LWW03] ont été conçus pour étudier les effets de frottement entre les fils sur la résistance balistique de tissus en utilisant un traitement chimique pour faire varier la rugosité de la surface des fils. Il a été constaté que les tissus, avec un coefficient de frottement élevé, dissipent une plus grande quantité d'énergie. Lee et al. [LWWP01] ont effectué des tests de pénétration statique sur le tissu sec et le même tissu peu résiné. Leurs résultats ont montré que le composite peut absorber plus d'énergie que le spécimen de tissu sec parce que le glissement des fils au sein de la résine est réduit.

L'analyse des résultats a montré que la rupture des fibres dépend forcément du matériau. La figure 1.21 montre les modes de rupture avec des tissus réalisés à partir des fils en Nylon®, Kevlar® (aramide), Spectra® (HMWPE) et Zylon®(PBO).

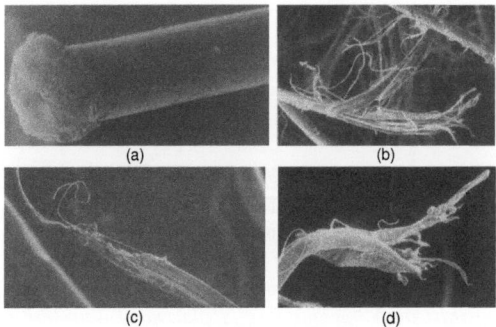

Figure 1.21 – *Ruptures sous l'impact balistique de Nylon-66 (a), Kevlar-29 (b), Spectra (c), Zylon (d) [SL06]*

Un phénomène de fusion apparaît dans la rupture des fibres Nylon® et Spectra®, et deux explications possibles différentes sont proposées [SL06] :
– La chaleur créée par le frottement entre le projectile et les fils
– L'effet adiabatique au cours de la pénétration

Les modes de rupture des fibres sont également tributaires des facteurs suivants : densité linéaire du fil, armure de la structure tissée, valeur de torsion du fil, orientation des fils.

La dimension du tissu joue un faible rôle dans l'absorption d'énergie pour les vitesses élevées car la réponse locale du tissu est dominante à haute vitesse. Cuniff 1992 [Cun92] a conclu que la dimension du tissu a une influence considérable pour des vitesses proches de V_{50} (V_{50} est la vitesse à laquelle le projectile possède 50% de chance de perforer la cible.). Pour sa part, il estime également que l'énergie spécifique d'absorption du tissu diminue quand le nombre des couches augmente. Pourtant, Lim et al. [LTC02] ont indiqué que cette conclusion est seulement valable pour le cas d'un projectile à tête plane. D'après les travaux de Shahkarami et al. [SCVP06], Prosser 1988 a démontré une relation simple linéaire entre le carré de la vitesse limite (V_{50}^2) et le nombre de couches à condition que les mécanismes d'absorption soient similaires. Cunniff 1999 relève qu'avec des vitesses extrêmement élevées ($\gg V_{50}$), les couches proches de la surface d'impact sont presque instantanément dégradées.

1 Étude bibliographique

De manière générale, on peut noter que les variables suivantes d'un système d'impact sur le tissu sont étudiées par plusieurs auteurs :

Structure de la cible : les structures possédant le moins de fils entrelacés montrent de meilleures performances balistiques en raison de l'interférence réduite de la propagation des ondes lors de l'impact balistique. Cunniff [Cun92] a également indiqué que les structures équilibrées, comme la toile ont une performance balistique supérieure aux structures de linge asymétriques. Une géométrie asymétrique donne lieu à un développement inégal des ondes transversales et longitudinales dans la cible, donc, le nombre des fils subissant le chargement dû à l'impact diminue. Un tissu avec une armure toile est plus performant si l'ondulation est identique dans les deux directions chaîne et trame. Ces résultats sont confirmés dans le cas d'un tissu mono ou multi-couches [SL06].

Fibre : Quand les fibres sont fines, on note une meilleure performance balistique. Plus la résistance des fibres est élevée, plus la capacité d'absorption d'énergie cinétique du projectile est améliorée [Mai08, SL06]. Le coefficient de frottement est un élément déterminant sur la performance balistique comme abordé ci-dessus.

Caractéristiques du projectile : Selon le travail de Shahkarami et al. [SCVP06], à faible vitesse, les projectiles pointus décélèrent plus rapidement que dans les cas à grande vitesse (Fig. 1.22). La décélération est plus forte pour les projectiles à tête plate. Les projectiles à tête plate ont tendance à trancher les fibres par leur arête tandis que les projectiles à tête hémisphérique génèrent essentiellement une rupture en traction pour les fils. L'énergie cinétique des projectile à tête hémisphérique est d'avantage absorbée par les tissus. Les têtes coniques et les ogives sont capables d'écarter les fils et de traverser le tissu [Xue06]. L'effet de la forme des projectiles diminue quand l'épaisseur ou le nombre de couches des tissus augmente [SCVP06]. Dans les situations réelles, les protections à base de tissus pourraient être impactées par un projectile sous un angle oblique. Pour les impacts obliques, une cible peut afficher une réponse différente, telle que rapportée par Cheong [Che02]. Dans ces conditions, les essais ont mis en évidence une déformation transversale asymétrique.

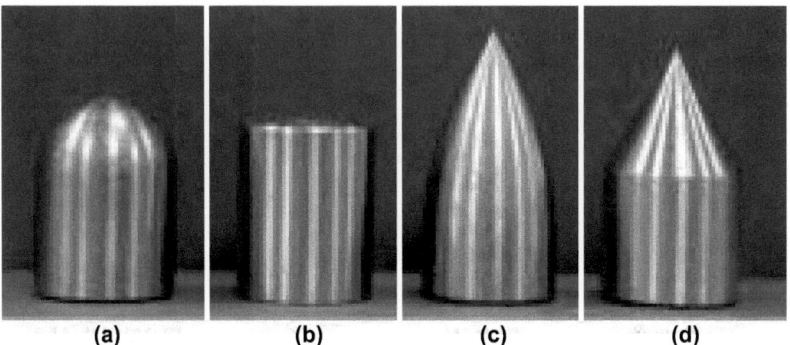

(a) **(b)** **(c)** **(d)**

Figure 1.22 – *Formes du projectile. [SCVP06] : (a) tête hémisphérique ; (b) tête plate ; (c) tête ogivale ; (d) tête conique*

Fixation du tissu : Shockey et al. [SES99] ont étudié le comportement balistique d'un tissu PBO®avec deux types de conditions aux limites : deux côtés du tissu encastrés et un encastrement sur tout le pourtour du tissu. Ils ont constaté que le tissu avec deux côtés fixées et deux autres libres absorbe beaucoup plus d'énergies (25% -60%) que le cas de quatres côtés fixés. Car, les réflexions des ondes de déformation réduisent et les frottements entre les fils augmentent dans ce cas. Comme noté par Lee et al. [LWWP01], en raison de ce glissement, l'énergie absorbée par un matériau composite renforcé de tissu peut être 4,5 fois plus élevée que dans le cas sans glissement.

1.3.3 Approche analytique de l'impact balistique sur les tissus

En se basant sur la théorie de Smith et al. [SMS58], de nombreux auteurs ont essayé d'élaborer un modèle analytique pertinent d'impact sur un tissu 2D. D'après les travaux de Gu [Gu03], des modèles analytiques pertinents ont été proposés par : Cunniff 1992, Chocron-Benloulo et al. 1997, Navarro et al. 1998, Lee et al. 2001. En fait, les auteurs ne considèrent pas l'ondulation des fils dans les tissus 2D figure 1.23 et que les fils primaires sont toujours attachés avec le projectile pendant l'impact jusqu'à la rupture (Fig. 1.24). Les réflexions complexes des ondes de déformations pendant l'impact sont aussi négligées dans les modèles analytiques actuels. Ces hypothèses sont utilisées avec le but de se baser sur la théorie de Smith et al. [SMS58] valable uniquement dans le cas des tissus 2D.

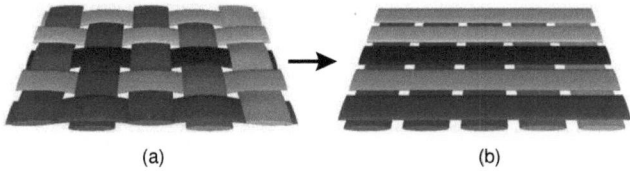

(a)   (b)

Figure 1.23 – *Hypothèse d'une couche toile dans les modèles analytiques : (a) Architecture d'une couche toile ; (b) Architecture d'une couche composée des fils droits (Hypothèse de Lee et al. 2001)*

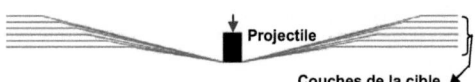

Figure 1.24 – *Contact continu entre les fils primaires avec le projectile pendant l'impact*

Parga-Landa et al. [PLHO95] ont développé un modèle fondé sur une analyse des forces au point d'impact pour étudier les couches de tissus 2D superposées. Ce modèle consitue un système non-linéaire d'équations dont chaque déplacement du projectile est égal à la distance entre les couches des structures d'une cible (Fig. 1.24). Ils supposent que seuls les fils primaires contribuent à la force de résistance. La friction fil-fil a été abordée par le biais d'une fonction exponentielle. Si les fils secondaires sont considérés comme des barres (Fig. 1.25) et si le frottement est la seule interaction entre les fils primaires et secondaires, la relation entre la tension du fil primaire au point d'impact T_1, sa tension T_p à la position du p-ième fil secondaire à partir du point d'impact est décrite par la relation suivante :

$$T_p = T_1 e^{-\mu\beta p} \qquad (1.10)$$

Où :
- T_1 : Force de tension du fil primaire à la position de l'impact
- T_n : Force de tension du fil primaire après n fils secondaires
- μ : Coefficient de frottement entre les fils
- β : Angle de contact entre les fils primaires et secondaires
- p : Nombre des fils secondaires considérés

Malheureusement, cette relation n'est pas décrite explicitement dans les équations de calcul d'impact de Parga-Landa et al. [PLHO95].

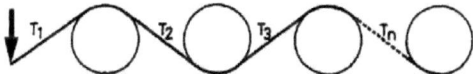

Figure 1.25 – *Modélisation de la force d'un fil primaire dans un tissu toile [PLHO95]*

Mamivand et al. [ML10] ont aussi construit un système d'équations similaires en utilisant la méthode de détermination de la déformation du fil au point d'impact. En considérant qu'un fil est déformé sous la traction comme une barre mince sous l'impact transversal au point central, la formulation de la déformation d'un fil à une distance x par rapport au point d'impact a la forme :

$$\varepsilon(x) = \varepsilon_0 b^{x/a} \qquad (1.11)$$

Où :
- ε_0 : Déformation du fil au point d'impact
- $\varepsilon(x)$: Déformation du fil à la distance x par rapport au point d'impact
- a : Diamètre de la section transversale du fil
- b : Coefficient de transmission

Naik et al. [NSR06] ont déduit cette relation en se basant sur les études expérimentales de Roylance [Roy80a] et Parga-Landa et al. [PLVHOC99]. Pourtant, les essais de Roylance et de Parga-Landa et al. portent sur l'atténuation de la déformation dans la direction perpendiculaire aux fils sur un composite mais non un tissu sec soumis à l'impact.

En utilisant la relation 1.11, Naik et al. ont pu calculer la déformation maximale d'un fil primaire au point d'impact à l'instant t par la formulation suivante :

$$\varepsilon_0 = \left\{ \frac{(d/2) + \sqrt{(r_t(t) - (d/2))^2 + z(t)^2} + (r_p(t) - r_t(t)) - r_p(t)}{b^{(r_p(t)/a)} - 1} \right\} \times \left\{ \frac{\ln b}{a} \right\} \qquad (1.12)$$

Où :
- d : Diamètre du projectile
- $r_t(t)$: Distance de l'onde transversale sur le fil par rapport au point d'impact à l'instant t
- $r_p(t)$: Distance de l'onde longitudinale sur le fil par rapport au point d'impact à l'instant t

- $z(t)$: Déplacement du projectile à l'instant t

Il est à noter que si t tend vers zéro, $r_t(t)$ et $r_p(t)$ tendent vers $d/2$; z(t) tend vers zéro. Donc, si t tend vers zéro, ε_0 tend vers zéro. Cette condition est contradictoire avec la théorie de Smith et al. [SMS58].

Le modèle de Mamivand et al. [ML10] ne peut prédire que la vitesse résiduelle. Les auteurs ont rapporté que leur modèle donne des résultats qui sont en bon concordance avec les résultats expérimentaux issus de la littérature et ceci pour toutes les vitesses d'impact (Fig. 1.26). Pour leur part, Parga-Landa et al. [PLHO95] ont aussi indiqué l'accord entre leur modèle et les données expérimentales pour quelques cas étudiés. Il faut souligner que ces deux modèles présentent plusieurs simplifications du phénomène. En effet, aucune considération de la réflexion d'ondes n'est prise en compte, ce qui est en contradiction avec la théorie de smith et al.

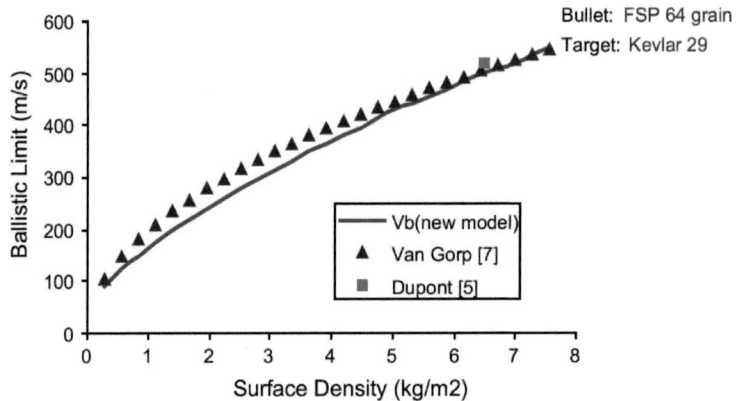

Figure 1.26 – *Comparaison entre le modèle de Mamivand et al. et les résultats expérimentaux de Van Gorp [ML10]*

Par une autre approche, Chocron-Benloulo et al. [CBRSG97] ont établi un modèle en appliquant la conservation de la quantité de mouvement. Selon le travail de Xuesen [Xue06], la contrainte maximale n'a pas été utilisée comme un critère de rupture. Ils considèrent que l'énergie d'impact du projectile est absorbée seulement par la déformation des fils primaires. Donc, la conservation de l'énergie est donnée par la relation suivante :

$$\frac{1}{2}.M_p.(V_s^2 - V_r^2) = \frac{1}{2}.n_1.n.S.E.c \int_0^t \varepsilon(t)^2 dt \qquad (1.13)$$

Où :
- M_p : Masse du projectile
- V_s : Vitesse d'impact
- V_r : Vitesse du projectile après l'impact
- n : Nombre des fils primaires (ceux en contact direct avec le projectile)
- n_i : Nombre des couches de la cible

A partir de la relation 1.13, nous en déduisons un nouveau constant R d'une cible :

$$\frac{M_p V_{50}^2}{n_1.n.S.E.c} = \int_0^{t_{V_s}} \varepsilon(t)^2 dt = R \tag{1.14}$$

Où t_{V_s} : Temps de rupture et V_{50} : Vitesse limite de perforation du tissu
Ainsi, R ne dépend pas de la vitesse d'impact, mais du temps de rupture.

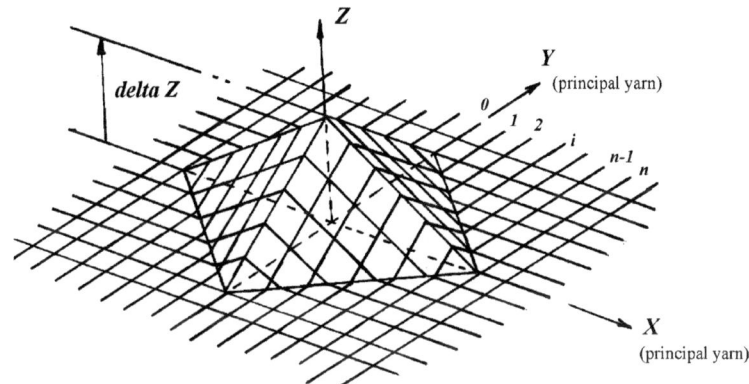

Figure 1.27 – *Schéma de la pyramide de déformation de Gu [Gu03]*

Gu [Gu03] a adopté une approche de conservation de l'énergie fondée sur un modèle prenant en compte la déformation de toutes les mèches dans un tissu au cours de l'impact balistique. Il suppose que le comportement du tissu se déforme sous forme d'une pyramide comme illustré dans la figure 1.27. Les fils primaires subissent une déformation la plus élevée : ε_{max}. La déformation des fils secondaires dans la pyramide varie linéairement entre 0 et ε_{max} en fonction de la distance de point d'impact. La vitesse résiduelle du projectile après impact V_r est déterminée par la différence entre l'énergie d'impact et la somme des énergies du tissu pendant l'impact (l'énergie de déformation des fils primaires et l'énergie cinétique du tissu). Cependant, la vitesse pour calculer l'énergie cinétique du tissu est simplement supposée égale à la moyenne entre les vitesses initiale et résiduelle. Dans son travail, les réflexions des ondes sont mentionnées, mais malheureusement, ne sont pas prises en compte dans le calcul et ni dans la comparaison avec les résultats expérimentaux. De plus, ce modèle ne permet pas de calculer la variation de la vitesse du projectile en fonction du temps et la vitesse limite V_{50} des tissus. Le temps de perforation est simplement estimé par la formulation suivante :

$$\Delta t = \frac{\Delta \varepsilon}{\dot{\varepsilon}} \tag{1.15}$$

Où $\varepsilon, \dot{\varepsilon}$ sont la déformation de rupture du fil et le taux de déformation dans les tests de traction sur les fils. Selon l'auteur, théoriquement il n'existe pas une meilleure méthode que cette estimation. Pourtant, le taux de déformation des fils varie pendant l'impact à cause des réflexions des ondes et de l'évolution de la vitesse projectile.

Phoenix et Porwal [PP03] ont récemment développé une solution exacte d'une membrane non tendue impactée par un projectile de tête plane (Fig. 1.28). Par

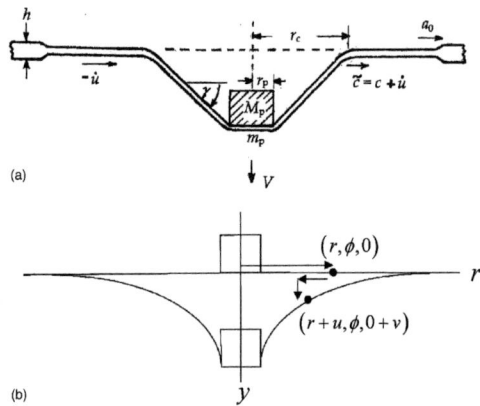

Figure 1.28 – *Illustration des variables et de la géométrie du problème d'impact sur une membrane : (a) Caractères d'impact; (b) Coordonnées cylindriques (r,ϕ,y) et déplacements (u,v) [PP03]*

une surface de contact entre le projectile et la membrane, la masse M_p du projectile appuie sur une certaine masse associée de la membrane m_p pendant l'impact (Fig. 1.28a). Le flux de matériau de la membrane, supposé homogène vers la zone d'impact, ayant une vitesse $\dot{u}$, réduit la vitesse de l'onde transversale notée $\tilde{c}$ dans le repère absolu et notée c dans le repère relatif lagrangien. Les points de matériel sont mis dans un repère en coordonnées cylindriques (r,ϕ,y) et leurs déplacements sont désignés par (u,v) (Fig. 1.28b). Une fonction explicite a été dérivée pour prédire V_{50} à partir de deux paramètres sans dimension :

$$V_{50} = \sqrt{2}(1+\Gamma_0)a_0 \left(\frac{\varepsilon_{max}}{K_{max}}\right)^{\frac{3}{4}} \qquad (1.16)$$

Où :
- V_{50} : Vitesse de l'impact avec laquelle il y a 50% de chance de pénétration
- a_0 : Vitesse de l'onde longitudinale dans la membrane
- Γ_0 : Taux de densité surfacique sans dimension $\Gamma_0 = \frac{m_p}{M_p}$
- ε_{max} : Déformation de rupture de la membrane
- K_{max} : $K_{max} = max(\Gamma_0, \varepsilon_{max})$

Le modèle conduit à une prédiction identique aux données expérimentales disponibles dans la littérature, même si des simplifications ont été faites : aucune considération de la réflexions des ondes, matériau homogène isotrope et une seule plaque pour décrire plusieurs couches espacées ou non. L'auteur a tout de même soulevé la question de savoir pourquoi un tel modèle extrêmement simplifié a pu représenter correctement un système complexe.

1.4 Lois de comportement du fil en dynamique rapide

Pour caractériser le comportement dynamique du fil, Stone et al. [SSF55] ont proposé un système qui permet d'effectuer un impact longitudinal sur des fils Nylon. Un fil est attaché avec deux masses 1 et 2 aux bords correspondants (Fig. 1.29). Quand la masse 2 est fixée et la masse 1 subit un impact, le fil est tiré. Avec des vitesses d'impact entre 10 et 100 m/s, le taux de déformation du fil se situe dans l'intervalle entre 10^5% à 5×10^6% par minute. Pour éviter le glissement et la concentration de contraintes au niveau de la fixation, les fils sont fixés dans les trous sur deux masses aux deux bords par des vis (Fig. 1.29). Si le fil est considéré comme une suite de ressorts circulaires (Fig. 1.29), la propagation et les réflexions de l'onde de déformation peuvent être décrites par les configurations de A à H, comme illustré dans la figure 1.29.

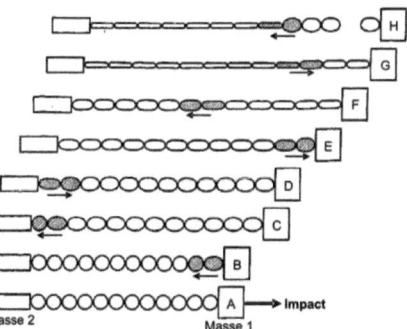

Figure 1.29 – *Propagation et réflexion de l'onde de déformation après un impact longitudinal [SSF55]*

En négligeant la propagation des ondes, McCrackin et al. 1955 [MSSS55] ont proposé une formulation qui permet de déterminer la vitesse limite à la rupture du fil dans le cas d'impact longitudinal :

$$V_{limite} = \sqrt{\frac{2}{\rho} \int_0^{\varepsilon_r} \sigma(\varepsilon) d\varepsilon} \tag{1.17}$$

Où :
- ρ : Densité du fil
- ε_r : Déformation de rupture du fil

Cette vitesse limite est indépendante des masses et de la dimension du fil. Wilde et al. 1970 [WRCR70] ont présenté un système d'impact transversal où le fil et le projectile sont forcés de déplacer dans un plan. Leur résultat montre que pour chaque fil, l'absorption d'énergie cinétique du fil augmente avec la vitesse d'impact du projectile jusqu'à une valeur maximale puis décroît rapidement vers zéro. De plus, les déformations à la rupture sous impact pour les types de fil Nylon sont inférieures à leurs valeurs statiques et, avec une exception dans le cas du matériau ductile.

Selon les travaux de Tan et al. [TZS08], il existe différentes méthodes pour tester des fibres de polypropylène isotactique par des vitesses de déformation de 0.003 à $334 s^{-1}$, nous citons entre autres :
- Une machine d'essais (Instron)
- Un testeur pneumatique
- Deux types de testeurs pneumatique-hydraulique
- Un "failing weight setup"
- Un "rotating disk longitudinal impactor" et une technique balistique

Récemment, Zukas [Zuk04] a indiqué que la méthode utilisant les barres d'Hopkinson est la plus largement utilisée pour des essais dynamiques. Avec cette méthode, on peut atteindre une vitesse de déformation très élevés de l'ordre de 10000 s^{-1}. Tan et al. [TZS08] ont proposé un schéma général du prototype de SHPBs (Fig. 1.30). Dans le tableau 1.1, nous pouvons noter que tous les tests dynamiques actuels sur

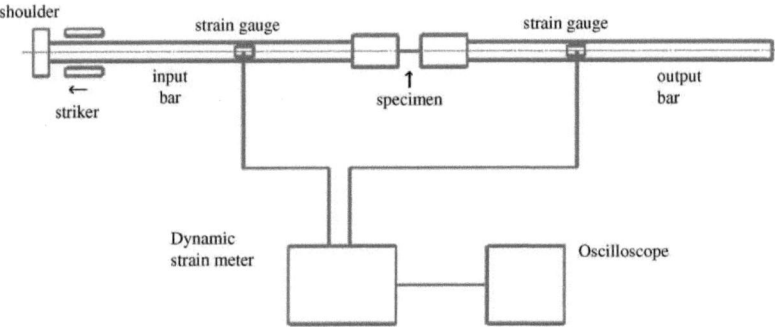

Figure 1.30 – *Schéma général du système SHPBs [TZS08]*

les matériaux fibreux à haute performance utilisent le SHPBs avec quelques modifications éventuelles. De plus, même si les tests statiques sont effectués en utilisant les normes ASTM D3379-75 (Standard Test Method for Tensile Strength and Young's Modulus for High-Modulus Single-Filament Materials) ou D885-93 (Standard Test Methods for Tire Cords, Tire Cord Fabrics, and Industrial Filament Yarns Made from Manufactured Organic-Base Fibers), il n'existe pas encore de normes pour tester ces matériaux en dynamique [HM10]. La longueur des échantillons varie entre 2 à 30 mm (Tableau. 1.1). Dans l'expérience SHBPs, une longueur de 30 mm est suffisamment courte pour que le déplacement de l'échantillon causé par l'impact puisse casser les fils. Cheng et al. [CCW05] ont limité cette longueur à 2 mm pour assurer un état équilibre des forces dynamiques sur les fibres pendant un essai.

Tableau 1.1 – *Tests de traction dynamique sur les fils ou fibres à haute performance dans la littérature [HM10]*

Auteur	Matériau	Longueur de l'échantillon	Taux de déformation (s^{-1})	Outil	Méthode de fixation
Wang et al. 1998[WX98]	Fils aramid Kevlar®49	8.0 mm	140, 440, 1350	SHTBs	"Lining blocks" avec un adhésif à haute résistance en cisaillement
Gu 2003 [Gu03]	Fils Twaron®CT1000, 1680 dtex/1000f	8.0 mm	180, 480, 1000	SHTBs	"Lining blocks" avec un adhésif à haute résistance en cisaillement
	Fils Kuralon®7901-1, 2000 dtex/1000f		1496, 1755, 1962, 2186, 2451		
Cheng et al. 2005 [CCW05]	Fibres seules KM2®	2.0 mm	270, 600, 1500	SHTBs avec la barre de transmission remplacée par un capteur de quartz sensible sensible	Carton avec une colle Araldite structurelle
Tan et al. 2008 [TZS08]	Fils Twaron®CT 716 (1100dtex/1000f)	30 mm	250, 300, 400	SHTBs	Le système de tube avec la mousse d'uréthane
Koh et al. 2010 [KST10]	Fils Spectra®900	30 mm	93, 128, 215, 350, 450, 530	SHTBs	Le système de tube avec la mousse d'uréthane
Dooraki et al. 2006 [DNB06]	Échantillon de multi-fibres Kevlar®, LT®, Twaron®, Zylon®	24 mm	800	SHTBs	Mécanisme de fixation d'époxy

Selon les travaux de Xuesen [Xue06] et Tan et al. [TZS08], un fil n'est pas homogène, il est composé de milliers fibres de très faible diamètre entre 5 μm et 100 μm. Par conséquent, en état dynamique, il est très difficile de le fixer aux deux extrémités pour le tester. Les fils peuvent glisser aux positions de fixation avec une force de serrage trop faible ou peuvent s'endommager avec une force élevée. En outre, il n'est pas facile de garantir que les fibres dans un fil sont toujours alignées pour les deux phases de préparation des échantillons et de tests. Ces phénomènes provoquent des erreurs expérimentales. Par exemple, les modules calculés par Prevorsek et al. 1991 ne sont pas fiables en raison des complications dues à la technique de fixation des fils.

De nombreuses solutions de fixation des fils dans les mors sont utilisées. Dans une étude préliminaire, le rapport de Ha-Minh [HM10] a fait un bilan sur toutes les méthodes de fixation utilisées dans la littérature. Chaque méthode présente des problèmes particuliers pour des essais dynamiques ou même pour des essais statiques. Par exemple, les noeuds créent une rupture précoce en raison d'une concentration de contraintes (Fig. 1.31). Les cabestans (Fig. 1.32) sont efficaces pour les

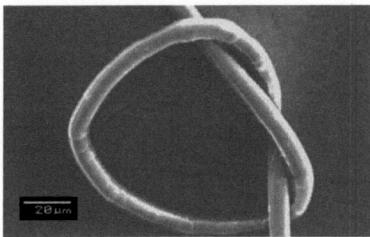

Figure 1.31 – *Noeud pour la fixation des fils dans les tests de traction dynamique [TZS08]*

essais statiques sur les textiles. Cette méthode n'est pas appropriée pour les essais dynamiques. Avec cette méthode, les fils sont roulés sur un cylindre. En état dynamique, les fils peuvent casser les cylindres de faible diamètre en cisaillement. Par contre, si le rayon des cylindres est trop grand, les erreurs d'enregistrement des données deviennent considérables. En se basant sur les essais, Dooraki et al. 2006 [DNB06] relèvent que la résistance des fibres de Kevlar®129, KM2 et LT est moins influencée par la vitesse de déformation que les fibres Twaron et Zylon. D'autres auteurs ont confirmé la dépendance du comportement du fil avec la vitesse de déformation, entre autres, nous citons : Wang et al. 1998 (Kevlar®49) [WX98] ; Gu 2003 (Twaron®CT1000, Kuralon®7901) [Gu03], Tan et al. 2008 (Twaron®CT 716) [TZS08], Koh et al. 2010 (Spectra®900 fils) [KST10]. Si la vitesse de déformation est élevée, le module d'Young et la déformation de rupture augmentent (Fig. 1.33).

Par contre, avec quelques adaptations de la technique SHPBs, Cheng et al. 2005 [CCW05] ont indiqué que l'effet de la vitesse de déformation sur la performance des fibres de Kevlar®KM2 est insignifiant (Fig. 1.34).

Xuesen [Xue06] indique que la sensibilité du comportement du fil semble provenir de l'imperfection structurelle des fibres à haute performance. Dans la structure du matériau d'une fibre, les grandes particules (les polymères ou les suites des molécules (Section 1.1)) sont liées par deux liaisons : primaire (le lien longitudinal) et secondaire (lien transversal). Aux taux de déformation faibles, la rupture des fibres est

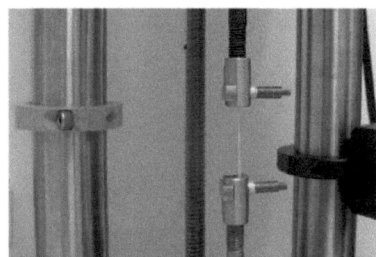

Figure 1.32 – *Fixation des fils dans les tests de traction dynamique par les cabestans [TZS08]*

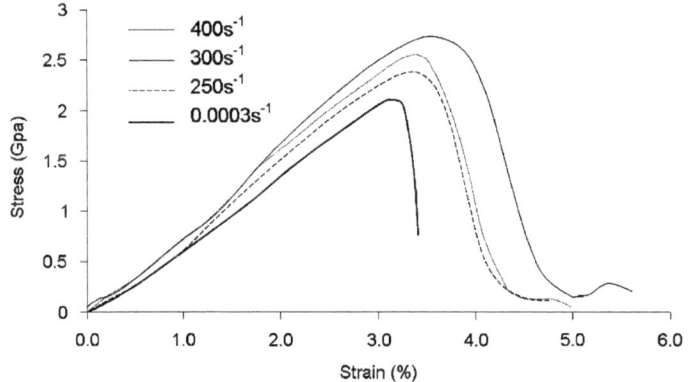

Figure 1.33 – *Courbes expérimentales de contrainte-déformation du fil Twarons®CT716 avec les taux de déformation différents [TZS08]*

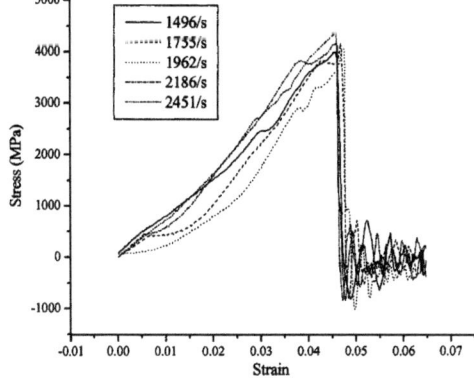

Figure 1.34 – *Courbe expérimentale de contrainte-déformation de la fibre seule Kevlar®KM2 avec les taux de déformation différents [CCW05]*

dominée par le glissement transversal entre les grandes particules (la rupture de la liaison secondaire). Par contre, aux taux de déformation élevés, la tension des grandes particules est principale [TZS08]. L'hypothèse de la dépendance du comportement des fibres au taux de déformation a conduit à établir un modèle visco-élastique. Shim et al. [SLF01] ont proposé un modèle à trois éléments visco-élastique comme illustré dans la figure 1.35, pour décrire le comportement des fils Twaron®.

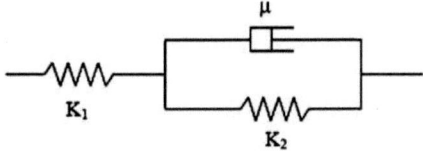

Figure 1.35 – Modèle du comportement dynamique du fil

Avec ce modèle, la contrainte dépend des rigidités K_1 et K_2 et du taux de déformation $\dot{\varepsilon}$:

$$\left(1 + \frac{K_1}{K_2}\right)\sigma + \frac{\mu_2}{K_1}\dot{\sigma} = K_2\varepsilon + \mu_2\dot{\varepsilon} \tag{1.18}$$

Pour mieux adapter au comportement du fil, le modèle visco-élastique de Wiechert (Fig. 1.36) avec plus de 5 éléments, est utilisé pour les fils Nylon®(Roylance et al. [RsW78]) et pour les fils Spectra®900 (Koh et al. [KST10]).

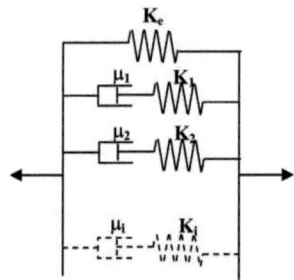

Figure 1.36 – Modèle vicoélastique Wiechert

Selon Brown [Bro97], le module transversal de la fibre Kevlar®49 est 170 fois plus faible que le module longitudinal. Le décalage entre les propriétés transversales et longitudinales d'un fil est plus important qu'une fibre. Car un fil est composé de plusieurs fibres séparées. Dans la littérature, on ne voit pas encore les tests pour déterminer les propriétés transversales des fibres ou des fils en dynamique rapide [HM10]. La raison est que l'amplitude des rigidités transversales des fils est faible. En plus, les fils sont très sensibles avec les opérations des tests et l'influence environnementale. Les études en état statique sont aussi rares. Brown [Bro97] a compressé un bloc de $15 \times 20 \times 20 mm$ des fibres individuelles pour déterminer le module transversal des fils Kevlar®49. Gasser et al. [GBH00] ont étudié l'effet de l'écrasement sur le module transversale des fils en utilisant les tests biaxiaux sur les tissus (Fig. 1.37).

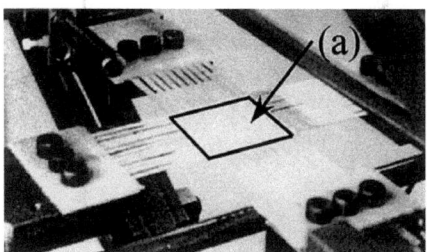

Figure 1.37 – Essais de tracion biaxial [GBH00]

1.5 Simulation numérique de l'impact balistique sur les tissus

1.5.1 Modélisation macroscopique et mésoscopique

Les outils numériques simulant le comportement des matériaux sous impact sont généralement désignés sous le terme "Hydrocode". Cette appellation se justifie par un comportement des matériaux en dynamique rapide similaire à un écoulement de fluide. L'organigramme de la figure 1.38, issu de travaux de Hamouda 2006 [HR06], reprend la boucle principale de calcul commune aux hydrocodes.

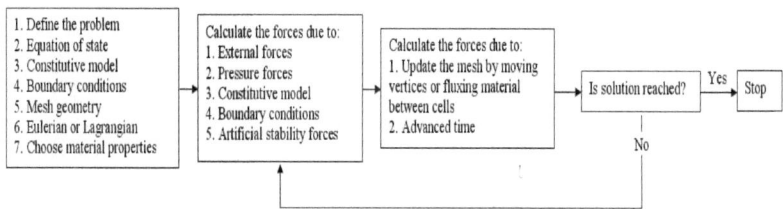

Figure 1.38 – Schéma général d'un hydrocode [HR06]

Les premières simulations numériques de pénétration de textiles remontent aux années 60 [WMS+10]. Les modèles numériques existants servaient alors essentiellement à prédire l'influence relative de quelques paramètres sur la performance balistique et ne pouvaient servir d'outils d'aide à la conception des armures. Cette lacune étant inhérente à la complexité physique des phénomènes d'impact balistiques sur les matériaux textiles. Actuellement, avec l'avènement de processeurs et solveurs puissants, il est possible de réaliser des modélisations plus fines rendant mieux compte notamment de l'interaction entre les fibres, les fils et les couches. Par la suite, il est également possible d'avoir une estimation plus fine (plus réaliste) des champs mécaniques fondamentaux : contraintes, déformations, forces de contact, contraintes de Von-Mises, etc. Cependant, il faut noter que la qualité de ces résultats est tributaire du choix judicieux notamment de la loi de comportement des fils, des critères de rupture adoptés et de l'algorithme de contact (et ce en dynamique rapide).

On doit à Roylance et al. ([RWT73, Roy73, Roy77a, RsW78, RW79, Roy80b, HR89, RCT+95]) les premiers modèles numériques simulant la réponse de tissus 2D (armure toile) soumis à l'impact balistique. L'armure des tissus est ici modélisée par un assemblage de poutres en traction sans masse formant une grille régulière. Les masses des poutres symbolisant les fils "chaîne" et "trame" sont concentrées au niveau des points d'intersection (fig. 1.39). Les résultats numériques de ce modèle montrent

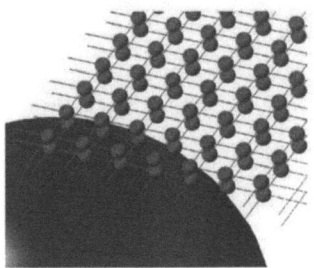

Figure 1.39 – Schématisation d'une armure toile à l'aide de poutres articulées

que l'énergie du projectile est essentiellement retransmise aux fils primaires (ceux passant par la zone de contact entre le projectile et le tissu) sous forme d'énergie cinétique et de déformation. La contribution des autres fils apparaît comme faible.

Shim et al. [STT95] intègrent la viscoélasticité dans la formulation d'un modèle identique pour analyser l'impact de petits projectiles sphériques sur un tissu 2D toile en poly-PPTA (p-phénylène-téréphtalamide). Vu que l'ondulation est un caractère spécifique des fils dans un tissu, ils ont réalisé un essai de traction statique sur le tissu Twaron. Le 'de-crimping' contribue à 1.5% dans la déformation totale du tissu (Fig. 1.40) sans augmenter la contrainte. Ainsi, dans leur modèle, l'ondulation d'une

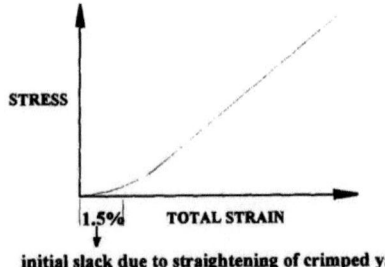

Figure 1.40 – Courbe contrainte - déformation du tissu Twaron sous la traction statique [STT95]

mèche dans un tissu ("crimp") est prise en compte dans la déformation totale par la formule suivante :

$$\epsilon_{actuel} = \epsilon_{total} - \epsilon_{crimp}[1 - \exp(-\epsilon_{total}/\epsilon_{crimp})] \tag{1.19}$$

Où
- ϵ_{crimp} : Déformation maximale attribuable à "crimp"
- ϵ_{total} : Déformation calculée par la distance entre les noeuds

La déformation totale ϵ_{total} est déterminée par la différence de la longueur d'un élément après chaque pas de temps. La déformation actuelle ϵ_{actuel} est utilisée pour calculer la contrainte de l'élément. Shim et al. [STT95] ont mesuré ϵ_{crimp} en se basant sur un essai de traction biaxial des tissus. Joo et al. [JK08] ont relevé que selon ISO 7211-3, $\epsilon_{crimp} = [(P - L)100\%/L]$ avec P : la longueur de la mèche projetée sur le plan du tissu, L : la longueur réelle de la mèche (sans "crimp").

Ting et al. [TTCR98] ont proposé un modèle empirique pour simuler l'interaction transversale des fils. Dans leur travail, la géométrie hors du plan du tissu des fils est également décrite. Ces caractéristiques permettent une analyse détaillée du comportement des tissus, y compris décrêpage (de-crimping) des fils. Leurs résultats indiquent que l'ondulation, le décrêpage (de-crimping) des fils, et l'interaction entre les fils ont un effet significatif sur la réponse balistique du tissu.

Termonia [Ter04] a présenté une approche qui tient compte explicitement des caractéristiques différentes du projectile (forme, masse, vitesse) ainsi que toutes les propriétés des fils telles que le denier (la densité linéaire), le module et la résistance à la traction. Ce modèle permet aussi de rendre compte du glissement des fils aux croisements et dans le cadre. Le glissement entre les fils et la rupture des fils ont été décrits avec une approche cinétique, qui prend explicitement en compte la dépendance des fils avec la vitesse d'impact. D'après cette approche, la rupture d'un fil i entre les entrecroisements suit un processus cinétique proposé par Zhurkov où la durée de vie τ du fil i soumis à une contrainte constante σ_i est comme dans l'équation ([Roy77b, Zhu84, TS86, Ter04]) :

$$\tau = \tau_0 \exp[-(U - \beta \sigma_i)/kT] \quad (1.20)$$

Où :
- k : Constante de Boltzman
- T : Température absolue
- τ_0, U, β : Constants de matériau concernant la cinétique de dissociation des liaisons atomiques et la structure de défauts internes de la matière
- σ_i : Contrainte du fil i

Joo et al. [JK07] ont développé le modèle de Roylance et al. [RWT73] pour prédire l'impact d'une sphère d'acier rigide sur une cible composée de plusieurs couches de tissus 2D (Fig. 1.41). Dans ce modèle, la courbure du fil aux points de croisement est explicitement présentée. La courbure du fil à un point d'entrecroisement est déterminée par la formulation :

$$K(\theta) = \begin{cases} -(\frac{\pi}{4})^2 \frac{\beta}{\theta} + \alpha + \frac{\pi}{4}\beta, & 0 \leqslant \theta \leqslant \frac{\pi}{4} \\ \frac{2}{h} cos(\frac{\theta}{2}), & \frac{\pi}{4} < \theta \leqslant \pi \end{cases} \quad (1.21)$$

Où :
- $\alpha = \frac{2}{h} cos(\pi/8)$
- $\beta = \frac{1}{h} sin(\pi/8)$
- h : Moyenne de longueur des éléments consécutifs

En se basant sur ce modèle, dans un autre travail, Joo et al. [JK08] ont caractérisé les énergies différentes au cours de l'impact sur le tissu (Fig. 1.42). Ce sont les énergies des noeuds et éléments barre dans le modèle. Dans les noeuds, 5 types d'énergies sont décrits :
- Énergie cinétique pour le mouvement des masses

Figure 1.41 – Un quart du modèle de Joo et al. après impact [JK07]

- Énergie du glissement des fils aux points d'entrecroisement
- Énergie du glissement des fils dans le cadre
- Énergie des collisions entre les noeuds des couches adjacentes et entre les noeuds avec le projectile
- Énergie de la flexion des fils aux points d'entrecroisement

Pour les éléments barre, 3 types d'énergie sont abordés :
- Énergie de la déformation élastique du fil
- Énergie de la déformation visqueuse du fil
- Énergie du processus "de-crimping" du fil

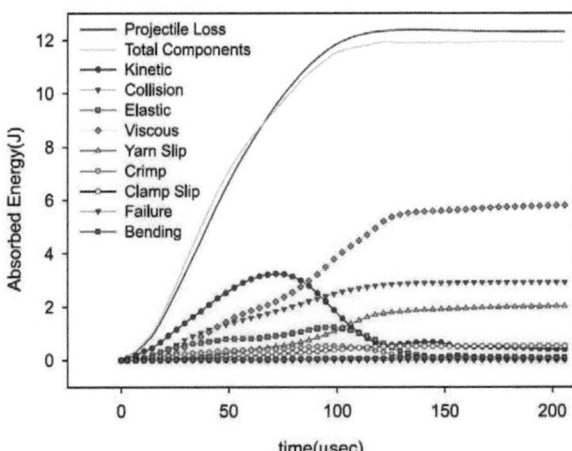

Figure 1.42 – Évolution des énergies différentes pendant l'impact de 150 m/s sur couches toile de Kevlar KM2 calculée par Joo et al. [JK08]

Le gros écueil de la méthode de Rolance et al. [RWT73] réside dans une schématisation simple de l'armure qui ne peut rendre compte de l'influence de son architecture. L'extension aux tissus 3D s'avère encore plus délicate. On peut trouver dans la figure 1.41 que la déformation globale du réseau des noeuds est rectangulaire avec les arêtes parallèles à celles des tissus. Cette forme de déformation est différente de celle de losange dans la réalité.

Selon le travail de Ivanov et al. [IT04], Vinson et al. 1975 ont proposé une modélisation macroscopique où le tissu est schématisé par une plaque considérée comme étant homogène. Cette modélisation "continue" du textile autorise des "maillages lâches" et donc des temps de calcul faibles. Dans le modèle de Vinson et al. 1975 et Taylor et al. 1990, le matériau est isotrope et conduit à un comportement du textile identique dans toutes les directions du plan. Un tel résultat est éloigné des observations expérimentales de Ivanov et al. [IT04].

Le modèle macroscopique de Lim et al.[CL03] intègre le comportement viscoélastique des fibres. La figure 1.43 indique les différentes configurations pour une vitesse d'impact de 550 m/s. Les résultats numériques font apparaître une déformation de la plaque en forme de cône alors que les essais expérimentaux mettent en évidence une déformation en "pyramide".

Ivanov et al. [IT04] ont tenté d'intégrer l'ondulation et le glissement des fils dans le modèle macroscopique du tissu. Le comportement balistique du tissu est plus proche de la réalité avec une déformation globale en dynamique (Fig. 1.44).

Johnson et al. 1999 ont introduit un modèle numérique en utilisant une combinaison d'éléments de barres et de coques, d'après le travail de Xuesen [Xue06]. Les éléments de barre modélisent la réponse structurale des fils chaîne et trame, tandis que les éléments coques donnent un certain degré de la résistance au cisaillement et la stabilité du réseau. De nombreux paramètres physiques ont pu être inclus, comme le module des ondulations du fil et la déformation "locking". Cependant, ce modèle en est encore au stade des améliorations et des vérifications.

Puisque les fils sont constitués d'un assemblage de fibres se présentant sous forme de poutres élancées, il est classique de les schématiser par un matériau homogène, isotrope transverse, d'axe Z (Fig. 1.45). Des essais statiques sur des fils para aramide [BA07] montrent que ces derniers ont un comportement élastique et ce jusqu'à la rupture. En fait, ces hypothèses ont été posées pour la première fois dans la modélisation analytique de Smith et al. [SMS58].

La matrice de souplesse des fils a donc pour expression ([DKW+05b, DKBP06, BA07, RNK+09, RDK+09]) :

$$\begin{pmatrix} 1/E_L & -\nu_{LT}/E_L & -\nu_{LZ}/E_L & 0 & 0 & 0 \\ -\nu_{TL}/E_T & 1/E_L & -\nu_{LZ}/E_L & 0 & 0 & 0 \\ -\nu_{ZL}/E_Z & -\nu_{ZL}/E_Z & 1/E_Z & 0 & 0 & 0 \\ 0 & 0 & 0 & 1/G_{LZ} & 0 & 0 \\ 0 & 0 & 0 & 0 & 1/G_{LZ} & 0 \\ 0 & 0 & 0 & 0 & 0 & 2(1+\nu_{LT})/E_L \end{pmatrix}$$

où E_T, E_L sont les modules d'Young dans la section droite du fil, E_Z le module d'Young dans la direction du fil, ν_{LT}, ν_{LZ} les coefficients de Poisson et G_{LZ} le module de cisaillement le long du fil.

Si la détermination du module E_Z peut se faire avec une assez bonne précision par le biais d'un essai de traction dans la direction des fibres, il en va tout autrement des autres coefficients. De nombreux auteurs ([DKW+05b, DKBP06, BA07, RNK+09, RDK+09]) postulent que les modules : E_T, E_L et G_{LZ} sont deux à trois fois plus faibles que E_Z.

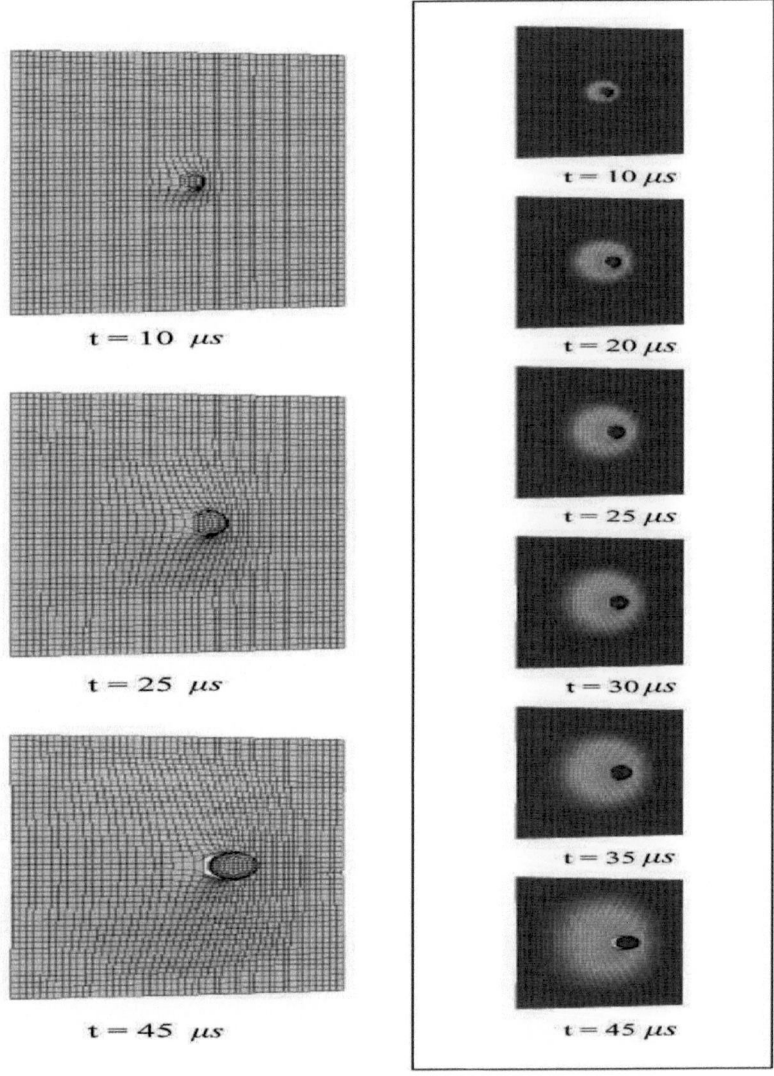

Figure 1.43 – *Évolution d'un impact de 550 m/s sur le tissu toile du modèle macroscopique de Lim et al. [CL03]*

Certains auteurs proposent des lois de comportement enrichies, ainsi :
- Gu [Gu04] a proposé que l'équation constitutive de traction du fil peut être déduite de la distribution Weibull de la résistance du fil.
- Roylance et al. [RWT73] ont proposé une loi de comportement viscoélastique pour leur modélisation macroscopique.

1 Étude bibliographique 37

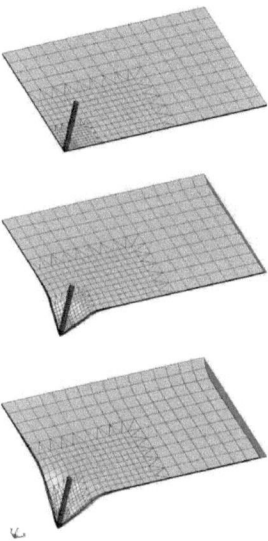

Figure 1.44 – Évolution d'un impact de 267 m/s sur le tissu toile du modèle macroscopique de Ivanov et al. [IT04]

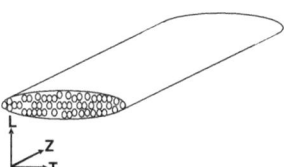

Figure 1.45 – Schématisation d'un fil à partir d'un assemblage de fibres

Gu [Gu04], Duan et al. [DKW+05b, DKBP06] et Rao et al. [RNK+09] ont proposé des modèles mésoscopiques dans lesquels les fils sont modélisés géométriquement et maillés à l'aide d'éléments solides 3D. Il s'ensuit une schématisation plus fine des phénomènes complexes tels que : le glissement, l'ondulation et la rupture des fils, le délaminage des couches, etc. La réponse balistique du tissu est complètement prédite (Fig. 1.46).

Pour leur part, Barauskas et al. [BA07] ont proposé un modèle mésoscopique à l'aide d'éléments de type coque, diminuant ainsi sensiblement les temps de calcul.

Nous trouvons en particulier dans les travaux de Duan et al. [DKW+05b, DKBP06, DKB+06] une étude sur le frottement mèche-mèche et mèche-projectile où le coefficient de frottement a pour expression :

$$\mu = \mu_k + (\mu_s - \mu_k).e^{-\alpha|\nu_{rel}|} \qquad (1.22)$$

avec : μ_s, μ_k respectivement les coefficients de frottement statique et dynamique, ν_{rel} la vitesse relative des surfaces en contact et α le coefficient exponentiel de désintégration (exponential decay coefficient) représentant la transition du frottement statique

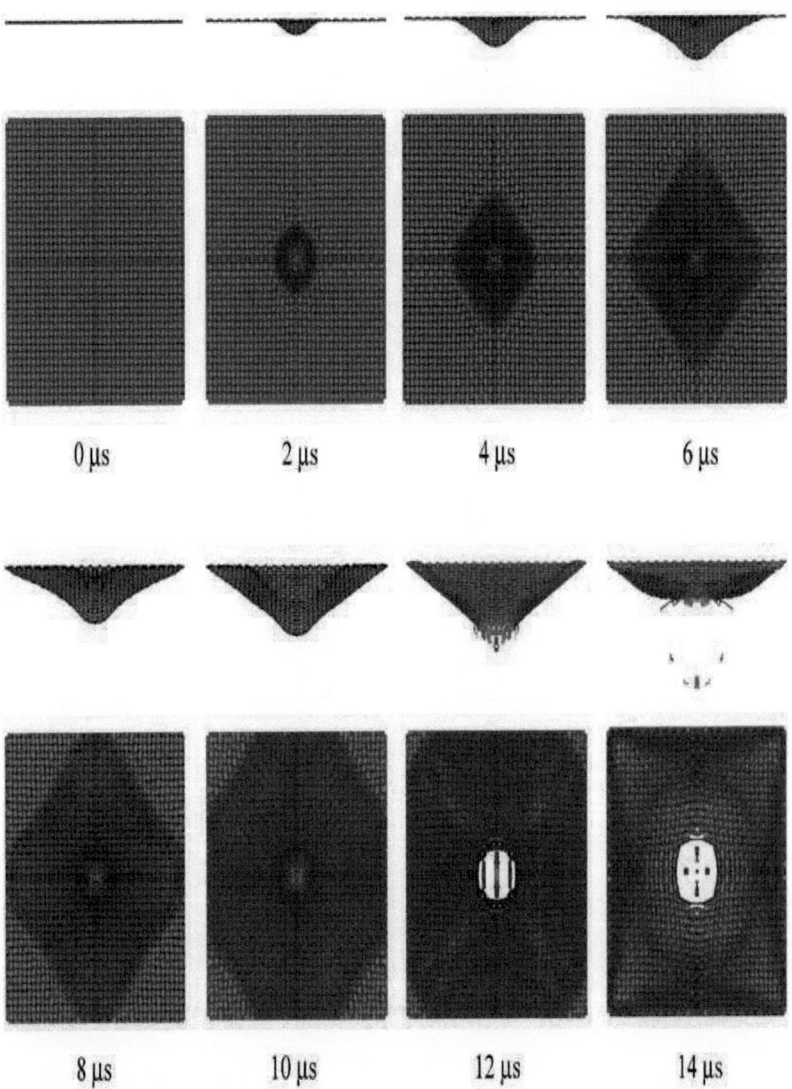

Figure 1.46 – *Évolution d'un impact de 800 m/s sur le tissu toile du modèle mésoscopique de Duan et al. [DKBP06]*

au frottement dynamique stable. Cette expression du coefficient de frottement est actuellement largement utilisée par plusieurs auteurs. Barauskas et al. [BA07] ont ajusté leur modèle pour évaluer des intervalles de valeur de μ_s, μ_k et μ en prenant le nombre mesuré des fils cassés dans le cas d'un impact sur le tissu 2D à base de fibres Twaron 709. Dans les travaux de Rao et al. [RDK+09], une étude expérimentale sur un coefficient de frottement quasi-statique pour des fils en Kevlar®KM2 d'une armure toile a été réalisée. Ces auteurs ont montré le rôle important du frottement (Fig. 1.47) (du module de Young, et la résistance des fils (Fig. 1.48)) sur la performance balistique des tissus.

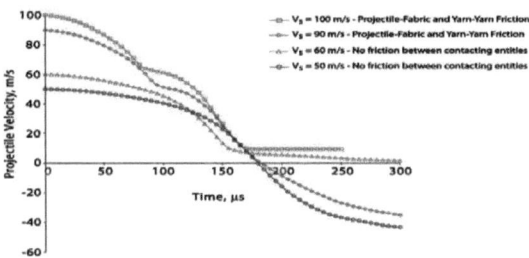

Figure 1.47 – *Évolution de la vitesse du projectile avec les cas de frottement et de vitesse d'impact différents [RDK$^+$09]*

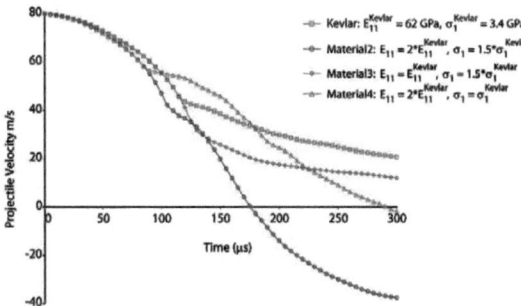

Figure 1.48 – *Évolution de la vitesse du projectile avec les cas de matériau différents [RDK$^+$09]*

1.5.2 Modélisation multi-échelle

Les modèles mésoscopiques dans lesquels les fils sont géométriquement modélisés et maillés fournissent des schématisations fines, cependant, le temps de calcul est important (ce en raison d'un nombre élevé d'éléments 3D ou de coque). Cette contrainte sur le temps CPU oblige de nombreux auteurs à se limiter à des tissus de faibles dimensions. Dans les travaux de Rao et al. [RNK$^+$09] et Duan et al. [DKW$^+$05b, DKBP06], le tissu modélisé se réduit à un échantillon de 5 cm de côté. Pour contourner cette difficulté, il est possible de modéliser finement le tissu (à l'aide d'un modèle mésoscopique) au voisinage du point d'impact et de proposer un modèle macroscopique de plaque homogénéisé dans les régions "suffisamment" éloignées du point d'impact. La taille de la région mésoscopique influe notablement sur la qualité des résultats. Rao et al. [RNK$^+$09] ont proposé deux configurations différentes pour la région locale : croix centrale et carré central (Fig. 1.49). De manière à assurer la

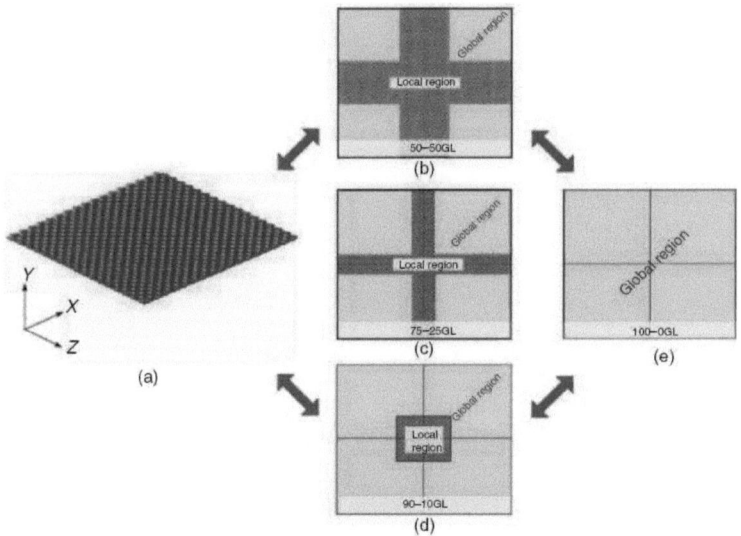

Figure 1.49 – *Principe du modèle global/local de Rao et al. [RNK+09] : (a) Le modèle complet; (b) et (c) Deux configurations "en croix centrale" de la région locale; (d) Configuration "carré" de la région locale; (e) Le modèle global (macroscopique) [RDK+09]*

continuité de l'impédance acoustique lorsqu'une onde se propage au travers de l'interface entre les deux zones (locale et globale), Drumheller 1998 [RDK+09] propose de fixer la masse volumique de la plaque à une valeur identique à celle du tissu réel, puis, de calculer sa rigidité effective E_g au moyen de la relation suivante :

$$E_g = \frac{\rho_l}{\rho_g} E_l \qquad (1.23)$$

Où E_l désigne le module de Young de la région locale, ρ_g, ρ_l les masses volumiques des régions globale et locale respectivement.

Afin de prendre en compte la différence des sections transverses entre la région locale et globale, selon le travail de Rao et al. [RDK+09], Nilakantan et al. 2008 [NKJB08] proposent de modifier la relation (1.23) de la façon suivante :

$$E_g = \frac{\rho_l}{\rho_g} \left(\frac{A_l^i}{A_g^i}\right)^2 E_l \qquad (1.24)$$

Où A_l^i, A_g^i sont les sections transverses des régions locale et globale respectivement. Selon Rao et al. [RNK+09] cette modification est indispensable afin d'éviter un phénomène de réflexion d'onde au niveau de l'interface. Barauskas et al. [BA07] ont proposé une méthode qui évalue les constantes physiques du modèle macroscopique en multipliant les constantes correspondantes au tissu réel avec des coefficients de transition. Les coefficients sont trouvés arbitrairement pour le cas spécifique d'impact de 270-300 m/s en assurant quelques natures physiques. Donc, on a besoin de beaucoup de tests expérimentaux et numériques pour avoir les coefficients acceptables. Le résultat de leur modèle multi-échelle présente une grande erreur (∼20%) en comparaison avec le modèle mésoscopique sur la vitesse des ondes de déformation. Pourtant, le déplacement transversal de ces deux modèles sont assez identiques. Ceci montre qu'il y a une grande difficulté dans la détermination des coefficients de transition macro-méso pour décrire correctement tous les phénomènes d'impact du tissu. Barauskas et al. [BA07] ont utilisé l'instant initial de rupture du tissu comme une condition essentielle pour choisir ces coefficients.

1.5.3 Modélisation numérique des tissus 3D

A notre connaissance, il n'existe pas de modélisation numérique de tissus secs 3D soumis à des impacts. Seuls quelques logiciels dédiés exclusivement à la représentation géométrique des interlocks ont été développés [VL05, HB05, LVR05a, She07].

Cependant, nous trouverons dans les travaux de Gu [Gu07] un modèle d'impact pour un composite rigide tressé dans lequel les fils sont modélisés par des matériaux élastiques, homogènes orthotropes et la résine par un matériau isotrope (Fig. 1.50). Avec une telle modélisation mésoscopique, il est notamment possible de déterminer :

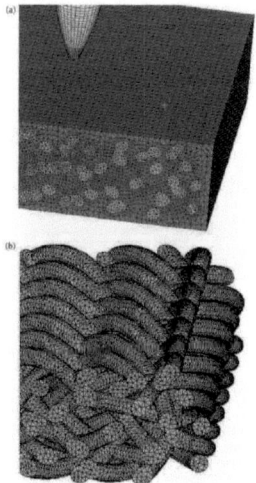

Figure 1.50 – Modèle méso-scopique pour le composite à base de fils tressés : (a) Composite ; (b) Préforme [Gu07]

la vitesse résiduelle du projectile, l'énergie absorbée par le composite, mais également d'étudier : les mécanismes de rupture des fils, le "pull-out" des fils, le délaminage et la la décohésion de la résine (Fig. 1.51). Un composite à base des matériaux tissés est périodique avec les cellules de base similaires mises dans un plan (Fig. 1.52). Caractériser les propriétés physiques d'une cellule de base pour homogénéiser un composite complet est donc une approche logique. Tan et al. [TTSI00, PT00] ont étudié analytiquement et numériquement les propriétés d'une cellule de base des composites à base d'un tissu 3D orthogonal. Naik et al. (2001,2002) ont proposé un

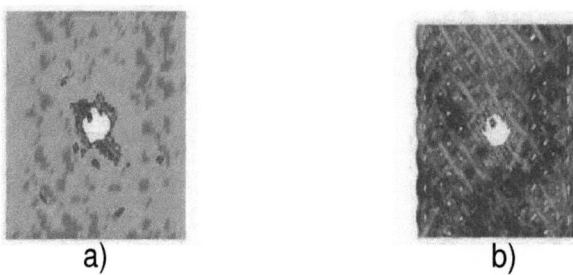

Figure 1.51 – *Résultat du modèle méso-scopique pour le composite à base de fils tressés : (a) Composite ; (b) Préforme [Gu07]*

modèle de résistance des composites de tissus 3D en se basant sur une discrétisation de deux-échelles des cellules de base pour décrire la rupture sous des charges de traction et de cisaillement. Lee et al. 2005 [LCSK05] ont prédit les propriétés élastiques d'un composite de tissu 3D orthogonal par l'assemblage des cellules de base qui contiennent des fils de chaîne et de trame et la zone de résine. La discussion sur la réponse dynamique des composites tissés par cette approche reste modeste selon les auteurs [LG08] Gama et al. 2004 et Lihua et al. 2008.

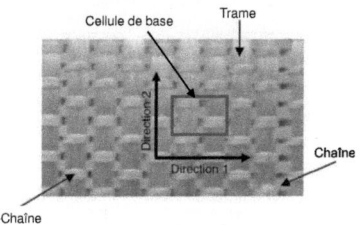

Figure 1.52 – *Composite formé à partir des cellules de base [Gu07]*

1.6 Synthèse

Un état de l'art général est effectué sur les tissus secs utilisés pour la protection balistique. Jusqu'à présent, les matériaux fibreux se développent considérablement avec la diversité des fibres à haute performance. Plusieurs nouveaux types de fibres sont inventés avec la réduction de masse et l'augmentation des performances.

Les techniques d'essai ont été développées pour déterminer les propriétés mécaniques des fibres et des fils. Pour les propriétés longitudinales, les essais de traction statique sont nombreux et standardisés dans les normes, tandis que la traction en dynamique reste encore modeste. De plus, quelques techniques sont établies pour effectuer la traction des fils en dynamique, mais il existe des différences importantes entre elles. Les conclusions de ces travaux ne sont pas identiques non plus sur la dépendance des propriétés mécaniques des fils en fonction du taux de déformation.

Pour les propriétés transversales, seuls quelques travaux dans la littérature sont présentés. Ces travaux sont effectués essentiellement sur les fibres. Le module transversal d'Young des fibres est déterminé par des essais de compression. Un système de torsion avec une pendule est proposé pour mesurer le module de cisaillement des fibres. Ces techniques sont toujours limitées en statique.

Les références bibliographiques concernant les essais d'impact transversal sur un fil ne sont pas récentes. Le matériau est essentiellement le nylon. La théorie des ondes de déformation sur un fil soumis à un impact transversal a été complètement établie, cependant, la comparaison avec la réalité semble peu crédible.

Les structures textiles 2D sont largement appliquées et étudiées. Les bases de données de ces structures sont nombreuses dans la littérature. Les structures 3D sont également appliquées de plus en plus dans le domaine balistique. Elles démontrent une haute résistance face aux multi impacts et la mise en forme plus facile pour les architectures complexes. Ces matériaux restent encore nouveaux pour les applications dans l'industrie. Leurs résultats expérimentaux ne sont pas nombreux pour révéler les propriétés mécaniques et la résistance balistique. La diversité de ces architectures est grande ainsi que leurs propriétés mécaniques associées.

Les techniques avancées : caméra ultra-rapide, radar et laser ne sont pas considérablement utilisés pour mesurer l'évolution continue des paramètres pendant l'impact. En fait, avec la caméra ultra-rapide, les limitations de résolution et de vitesse ne permettent pas d'avoir des mesures dans les cas d'impact rapide. Pour les radars et lasers, les perturbations dues à la rupture et à la grande déformation des fils ou des tissus augmentent considérablement les difficultés de mesure pour préciser les paramètres. Donc, les résultats expérimentaux sont rares afin de mieux comprendre le comportement balistique des fils et des tissus.

Les modèles analytiques sont établis pour prédire la résistance balistique des tissus. Ces modèles se basent sur la théorie de Smith et al. [SMS58] et sur le principe de conservation des quantités de mouvement. Cependant, ils sont limités au niveau des tissus 2D. De plus, les résultats dans le cadre de ces travaux ne semblent pas fiables. Ces modèles utilisent de nombreuses hypothèses simplificatrices. Les résultats de la théorie des ondes de déformation sur un fil soumis à un impact transversal ne peuvent pas encore être déduits pour le cas des tissus. Leurs validations ne sont faites que sur quelques paramètres fixes : la vitesse limite de perforation, la vitesse résiduelle, l'énergie absorbée. Les paramètres expérimentaux qui sont continus en fonction du temps d'impact ne sont pas utilisés pour comparer avec les modèles.

La modélisation numérique reste encore dans la limitation des tissus 2D. Les deux tendances de modélisation sont développées pour décrire les tissus 2D soumis à l'impact balistique. La première considère le tissu comme un réseau de noeuds. Chaque noeud est un point d'entrecroisement des tissus. Les barres qui joignent ces noeuds sont supposées ne subir que la traction. Cette méthode est difficile à appliquer pour les tissus 3D, car leurs points d'entrecroisement ne sont pas similaires entre eux. En plus, la géométrie des tissus 3D peut être considérablement différente par rapport à la conception.

La deuxième tendance utilise la méthode des éléments finis pour modéliser les fils. Les résultats de cette approche sont toujours limités aux tissus 2D. En fait, il existe deux échelles de modélisation : macroscopique et mésoscopique. A l'échelle macroscopique, les tissus sont homogénéisés sous la forme d'une plaque plate. Donc, le temps de calcul peut être réduit par le biais d'un maillage grossier. A l'échelle mésoscopique, le tissu est modélisé au niveau des fils. Un fil est supposé être comme un matériau homogène, orthotrope. Ce modèle est limité pour les tissus de grande taille, car le nombre des éléments dépasse la capacité de l'ordinateur. Une combinaison entre les deux modèles macroscopiques et mésoscopiques dans un modèle multi-échelle est effectuée pour diminuer le temps de calcul.

A l'échelle microscopique, le détail de chaque fibre peut être précisé afin de modéliser plus finement l'assemblage de ces fibres dans un fil. Cependant, les travaux de recherche effectués à cette échelle de description des structures fibreuses sont rares.

Chapitre 2

Modélisation numérique de la dynamique rapide des tissus

> Dans ce chapitre, la modélisation numérique des tissus soumis à un impact balistique est présentée. La construction des modèles macroscopiques, mésoscopiques et multi-échelles est détaillée. Les avantages et les inconvénients de ces modèles sont analysés afin de trouver une solution optimale pour l'impact balistique sur le tissu. La validation de la modélisation numérique est fondée sur des résultats expérimentaux. L'influence des paramètres intrinsèques au matériau et de frottements est étudiée.

Sommaire

- **2.1 Partie I : Simulation numérique macro/méso d'un tissu 2D sous impact balistique** **47**
  - 2.1.1 Modèle macroscopique pour les tissus 2D 47
  - 2.1.2 Modèle mésoscopique pour les tissus 2D 48
  - 2.1.3 Critère de rupture 50
  - 2.1.4 Conditions de calcul 50
  - 2.1.5 Résultats et discussions 52
    - 2.1.5.1 Choix de maillage 52
    - 2.1.5.2 Analyse numérique du comportement d'impact d'un tissu 54
    - 2.1.5.3 Comparaison entre les modèles macroscopique et mésoscopique 54
  - 2.1.6 Synthèse 59
- **2.2 Partie II : Étude de sensibilité paramétrique des caractéristiques mécaniques du fil** **60**
  - 2.2.1 Influence du coefficient de Poisson 61
  - 2.2.2 Influence du module transversal 62
  - 2.2.3 Influence du module de cisaillement 64
  - 2.2.4 Synthèse 67
- **2.3 Partie III : Modèle multi-échelle pour les tissus 2D** ... **68**

	2.3.1	Temps de calcul des modèles multi-échelles	70
	2.3.2	Validation de la continuité de l'interface méso-macro . . .	71
	2.3.3	Evolution de la vitesse du projectile	73
	2.3.4	Analyse des énergies d'impact	75
	2.3.5	Analyse des mécanismes d'endommagement du tissu . . .	77
	2.3.6	Force appliquée sur le projectile	78
	2.3.7	Synthèse	80
2.4	**Partie IV : Modélisation par la méthode d'éléments finis des tissus 3D**	**81**
	2.4.1	Outil numérique pour la géométrie du tissu 3D	81
		2.4.1.1 Concepts de l'outil	82
	2.4.2	Modèle mésoscopique pour les tissus 3D	84
	2.4.3	Résultats et discussions	85
		2.4.3.1 Impact sans perforation	85
		2.4.3.2 Impact avec perforation	87
	2.4.4	Effet des conditions aux limites	88
	2.4.5	Effet des frottements	92
		2.4.5.1 Conditions de calcul	92
		2.4.5.2 Résultats et discussions	94
		2.4.5.3 Synthèse	99
2.5	**Synthèse**	**100**
	2.5.1	Impact sur les tissus 2D	100
	2.5.2	Impact sur les tissus 3D	101

Ce chapitre est consacré à une modélisation numérique pertinente en vue de la simulation du phénomène d'impact balistique sur des tissus 2D. Il est composé de quatre parties principales :
- **Partie I** : Simulation numérique macro/méso d'un tissu 2D sous impact balistique
- **Partie II** : Etude de sensibilité paramétrique des caractéristiques mécaniques du fil
- **Partie III** : Modélisation multi-échelle d'un tissu 2D
- **Partie IV** : Simulation numérique mésoscopique d'un tissu 3D sous impact balistique

2.1 Partie I : Simulation numérique macro/méso d'un tissu 2D sous impact balistique

Dans cette partie, nous abordons la modélisation numérique d'un tissu 2D soumis à un impact balistique. Deux types de modélisation : macroscopique et mésoscopique, sont étudiés en utilisant les données de la littérature. Les résultats numériques obtenus sont analysés et comparés avec l'expérience pour la validation du modèle numérique dans le cas de l'impact balistique sur des tissus 2D.

2.1.1 Modèle macroscopique pour les tissus 2D

En considérant qu'un tissu est l'entrecroisement perpendiculaire de fils de chaîne et de fils de trame, nous pouvons assimiler, dans une première approximation, la structure tissée à une plaque homogène. En effet, soumis à l'impact balistique, la réponse d'un tissu est modélisée par une plaque mince homogène. À partir de cette hypothèse, le modèle macroscopique, qui est proposé dans notre étude, considère un tissu 2D comme une plaque homogène (Fig. 2.1). Par conséquent, les éléments

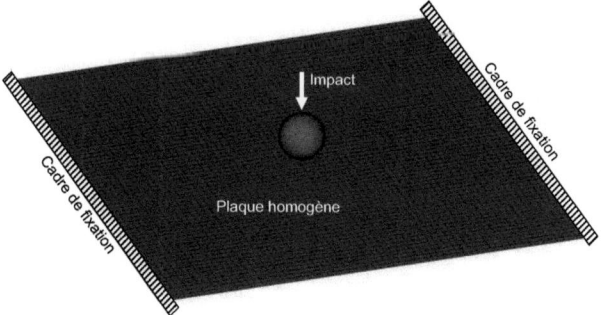

Figure 2.1 – *Modèle macroscopique du tissu 2D*

coques 3D peuvent être utilisés pour représenter cette plaque homogène. En raison de la similitude de géométrie des sections transversales des fils de chaîne et de trame ainsi que de la proximité de localisation des fils parallèles entre eux, la taille des éléments coques doit être égale à la distance entre les fils. Certes, ce modèle ne peut pas décrire la déformation détaillée de chaque fil, mais, il peut réduire le temps de calcul en considérant une taille importante des éléments. Logiquement, l'épaisseur des éléments est prise égale à celle du tissu et la densité de masse de chaque élément est calculée pour que la masse de la plaque soit égale à celle du tissu réel. Cette technique ne tient pas compte de la porosité du tissu et de l'ondulation des fils, la densité calculée pour la plaque peut être considérée inférieure à la densité réelle du fil. Dans ce cas, le tissu 2D semble être plat, l'ondulation des fils est alors négligeable. Cette hypothèse est similaire à celle considérée pour l'élaboration de certains modèles analytiques simples [Gu03, NS04, NSR06, ML10]. Le nombre de points d'intégration dans l'épaisseur de chaque élément est égal à 2 afin d'avoir une bonne approximation de la déformation de la plaque dans cette direction. Les résultats montrent que si le nombre des points d'intégration dans l'épaisseur est supérieure à 2, le résultat ne varie pas considérablement tandis que le temps de calcul augmente inutilement. La structure d'un tissu 2D est en équilibre dans les deux sens chaîne et trame. Les propriétés mécaniques peuvent être considérées comme identiques dans ces deux directions. La plaque peut donc être considérée comme orthotrope. Le module d'élasticité de la plaque dans le sens chaîne ou trame est supposé identique, et égal à la valeur du module d'un fil réel. Cette hypothèse a été considérée dans le cas de certains modèles analytiques (cf. chapitre 1).

2.1.2 Modèle mésoscopique pour les tissus 2D

Le modèle macroscopique ne prend pas en compte la géométrie réelle des tissus, c'est pour cette raison qu'une modélisation à l'échelle mésoscopique est proposé. En effet, ce modèle décrit le tissu à l'échelle du fil (Fig. 2.2). Une section transversale d'un fil peut être supposée d'avoir une forme elliptique. Dans notre cas, les dimensions de la section d'un fil sont : la hauteur h=0.115 mm et la largeur b=0.59 mm (Fig. 2.3b). Cette section est décrite par des éléments coques avec des épaisseurs différentes (Fig. 2.3). Il est à noter que le nombre d'éléments est toujours pair pour profiter de la symétrie du système d'impact. En effet, dans notre étude, nous avons choisi deux configurations : 4 et 8 éléments, afin de vérifier l'influence du nombre d'éléments. Dans le cas des éléments coques, le cas de quatre éléments est le minimum pour décrire la forme elliptique de la section. Par conséquent, les deux cas : 4 et 8 éléments pour une section sont vérifiés en supposant que l'aire de la section est constante(Fig. 2.3). Les épaisseurs des éléments d'une section dans les deux cas sont calculés pour assurer cette condition.

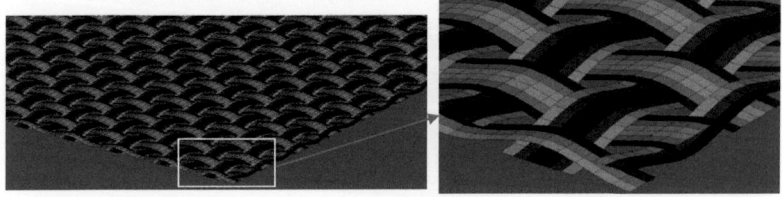

Figure 2.2 – Modèle mésoscopique du tissu 2D avec les éléments coques

Dans ce modèle, les fils sont supposés homogènes et orthotropes. Les propriétés mécaniques sont constantes tout au long de la longueur des fils. Les plans symétriques

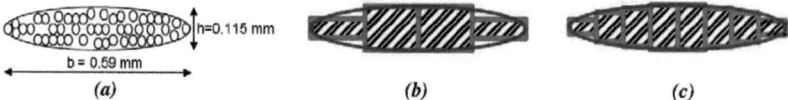

Figure 2.3 – Modélisation de la section transversale du fil : (a) Forme réelle ; (b) Modèle avec 4 éléments ; (c) Modèle avec 8 éléments

de la section transversale du fil sont pris comme des plans orthotropes.

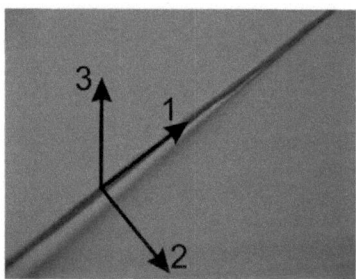

Figure 2.4 – Directions du fil

Si les directions orthogonales du fil sont numérotées comme illustré dans la figure 2.4, le comportement de ce matériau orthotrope (la relation entre les déformations ($\varepsilon_{11}, \varepsilon_{22}, \varepsilon_{12}, \varepsilon_{23}, \varepsilon_{31}$) et les contraintes ($\sigma_{11}, \sigma_{22}, \sigma_{12}, \sigma_{23}, \sigma_{31}$) d'un fil est formulé par l'équation :

$$\begin{pmatrix} \varepsilon_{11} \\ \varepsilon_{22} \\ 2\varepsilon_{12} \\ 2\varepsilon_{23} \\ 2\varepsilon_{31} \end{pmatrix} = \begin{pmatrix} \frac{1}{E_{11}} & \frac{-\nu_{21}}{E_{22}} & 0 & 0 & 0 \\ \frac{-\nu_{12}}{E_{11}} & \frac{1}{E_{22}} & 0 & 0 & 0 \\ 0 & 0 & \frac{1}{G_{12}} & 0 & 0 \\ 0 & 0 & 0 & \frac{1}{G_{23}} & 0 \\ 0 & 0 & 0 & 0 & \frac{1}{G_{31}} \end{pmatrix} \begin{pmatrix} \sigma_{11} \\ \sigma_{22} \\ \sigma_{12} \\ \sigma_{23} \\ \sigma_{31} \end{pmatrix}$$

Où E_{11} est le module d'Young longitudinal, E_{22} est le module d'Young transversal, ν_{12}, ν_{21} sont des coefficients de Poisson et G_{12}, G_{23}, G_{31} sont les modules de cisaillement du fil. Dans cette formulation, nous avons exclu la contrainte et la déformation dans la hauteur de la section du fil $\sigma_{33}, \varepsilon_{33}$ en raison d'un rapport très faible entre la hauteur et la largeur de la section. Pour simplifier, on peut supposer $G_{12} = G_{31}$ (Cisaillement dans la direction perpendiculaire au fil). En outre, on peut considérer G_{23} proche de zéro (cisaillement dans la direction parallèle du fil), car le fil est composé de milliers de filaments séparés (Fig. 2.4). En raison de la symétrie de la matrice de souplesse, on obtient $\nu_{12}/E_{11} = \nu_{21}/E_{22}$. En général, on a besoin de 4 valeurs expérimentales pour connaître le comportement orthotrope et élastique du fil : E_{11}, E_{22}, ν_{12} et G_{12}. Barauskas et al. [BA07] ont utilisé un seul point d'intégration afin d'éliminer le module de flexion des fils. Pourtant, dans la réalité, le module de flexion de fils est très petit mais pas égal à zéro. Ainsi, le nombre de points d'intégration à travers l'épaisseur des éléments doit être égal à 2 ou plus pour prendre en compte le comportement de flexion des fils. En fait, avec un seul élément utilisé pour la hauteur de la section du fil, les champs physiques sont constants dans ce sens s'il n'y a qu'un point d'intégration. Dans ce cas, les fils ne subissent que la traction et pas de cisaillement. Autrement-dit, la résistance au cisaillement des fils est supposée négligeable. C'est une contradiction avec les résultats expérimentaux de Cheng et al. [CCW05]. Dans cette étude, le nombre de points d'intégration optimal dans l'épaisseur d'un élément de coque est égal à 2. Lorsque cette valeur est augmentée au-delà de 2, le comportement obtenu des fils ne change pas significativement avec un temps de calcul élevé.

2.1.3 Critère de rupture

Le matériau utilisé dans cette partie est un tissu en Kevlar KM2®. Le comportement de ce fil est élastique jusqu'à la rupture [RDK+09]. La contrainte à rupture pour ce matériau est égale à 3,4 GPa [RDK+09]. Cette valeur est équivalente à une déformation élastique de rupture 5,48%. Dans notre modélisation, le critère de rupture retenu est de type FLD (Forming Limit Diagram) où la zone de rupture est définie dans un plan de déformations principales (Fig. 2.5).

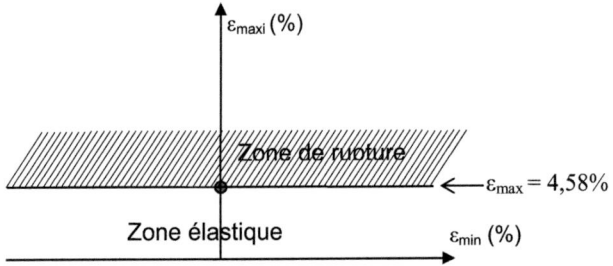

Figure 2.5 – *Schématisation du FLD "forming limit diagram" pour la rupture des fils Kevlar KM2®*

Cette zone doit être inférieure à la courbe : déformation maximale - déformation minimale. En effet, dans notre cas, la déformation maximale doit être inférieure à la déformation à la rupture mesurée, soit $\varepsilon_R = 5,48\%$.

2.1.4 Conditions de calcul

Le matériau utilisé est un tissu sec à armure toile de $50,6 \times 50.6$ mm (c.à.d sans résine) (Fig. 2.6b) avec les densités de trame et chaîne de 13,4 fils/cm, ce qui équivaut à une distance de 1,49 mm entre les fils. Chaque fil est composé de plusieurs centaines de fibres individuelles Kevlar KM2®. Par conséquent, cette cible est nommée : tissu toile sec 2D Kevlar KM2®. Le projectile est une bille en acier avec un diamètre de 5,35 mm et une masse de $6,25 \times 10^{-4}$ kg. Le tissu est fixé aux deux bords, les deux autres sont considérés libres (Fig. 2.7a). Il est supposé que le point de contact entre le tissu et le projectile est un point de croisement entre un fil de chaîne et un fil de

2 Modélisation numérique de la dynamique rapide des tissus

trame situé au centre du tissu. Seul un quart du modèle est calculé en raison de la symétrie du système de l'impact (Fig. 2.7b) pour optimiser le temps de calcul. Dans le cas d'une seule couche de tissu à armure toile, la déformation du projectile après impact est considérée négligeable. Ainsi, le projectile est supposé infiniment rigide.

Pour simplifier, un seul coefficient de Coulomb statique (μ_s) est utilisé pour décrire les deux types de frottement fil/fil et fil/projectile dans cette étude : $\mu_s = 0{,}20$.

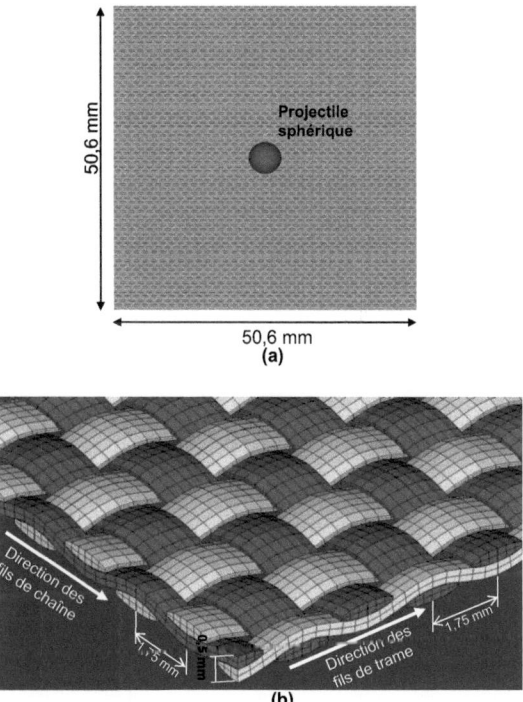

Figure 2.6 – (a) Configuration initiale du système d'impact modélisé ; (b) Descriptif détaillé du tissu 2D Kevlar KM2 dans le système d'impact

Selon le travail de Rao et al. [RDK+09], le fil Kevlar KM2® a une densité de $1310 kg/m^3$ avec un module d'Young longitudinal pris égal à 62,0 GPa. Les modules transversaux et de cisaillement sont supposés être nettement inférieurs à ceux du module longitudinal. Ils supposent des valeurs 100 à 1000 fois inférieures ce qui donne [RDK+09] :
 – Un module transversal égal à 0,62 GPa
 – Un module de cisaillement égal à 0,126 GPa

Lorsque le critère de rupture de fil est programmé par la déformation maximale, les éléments coques sont sensibles à la faible valeur du module de cisaillement. Par ailleurs, Cheng et al. 2005 [CCW05] ont présenté une technique qui permet de mesurer le module de cisaillement des fibres seules. Le module de cisaillement des fibres

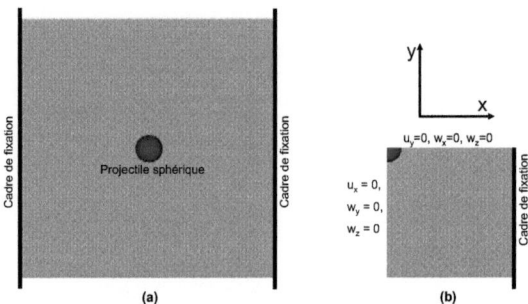

Figure 2.7 – *Conditions aux limites de la modélisation (a) Modèle complet; (b) Un quart du modèle*

Kevlar KM2® atteint la valeur de 24,4 GPa par cette technique. Par conséquent, un module de cisaillement égal à 7,56 GPa a été supposé pour le modèle mésoscopique. Dans le cas du modèle macroscopique, le module de cisaillement est toujours pris égal à 0,126 GPa pour la plaque homogène en raison de la porosité du tissu. Dans la section suivante, l'importance du module de cisaillement de fils dans la modélisation numérique sera abordée.

2.1.5 Résultats et discussions

2.1.5.1 Choix de maillage

La figure 2.8 montre l'évolution de la vitesse du projectile en fonction du temps pour deux vitesses d'impact : 60,6 m/s et 245,0 m/s pour vérifier l'influence du nombre d'éléments. Avant la rupture des fils, il n'existe pas de différence entre les deux modèles de 4 et 8 éléments d'une section transversale du fil.

La rupture des fils apparaît presque en même temps pour les deux cas : 4 et 8 éléments (à 165 μs avec le cas d'impact 60 m/s (Fig. 2.8a) et à 21 μs pour le cas de 245,0 m/s (Fig. 2.8b)). Cela indique que les modes de rupture principaux des fils : la tension et le cisaillement transversal dans le tissu soumis à l'impact balistique ne changent pas lorsque le nombre d'éléments augmente.

La première apparition de la rupture de fils initie des distorsions par une série de ruptures successives dans la zone d'impact entre le tissu et le projectile. Cela entraîne une légère différence sur les courbes entre les deux modèles : 4 et 8 éléments par rapport à la période avant la rupture de fils (Fig. 2.8b). Par conséquent, l'instant où le projectile s'est arrêté avec le cas d'impact de 60,6 m/s est de 220 μs pour le modèle à 4 éléments et 235 μs pour celui à 8 éléments. Dans le cas d'une perforation (impact de 245 m/s), les vitesses résiduelles (vitesses du projectile après impact) sont également différentes selon les deux cas : 218,1 m/s avec 4 éléments et 219,5 m/s avec 8 éléments.

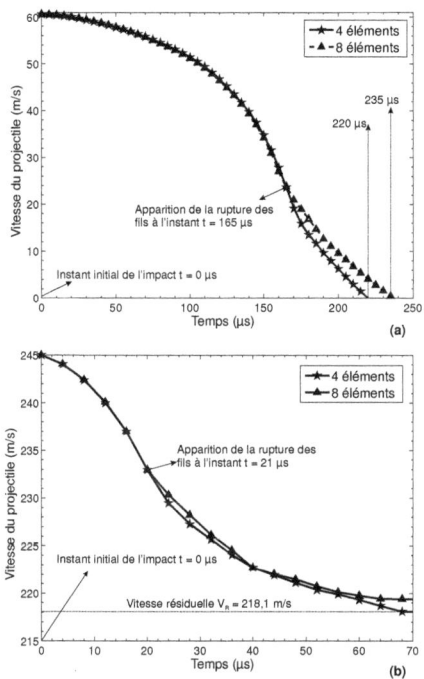

Figure 2.8 – *Evolution de la vitesse du projectile des modèles de 4 et 8 éléments dans les cas d'impact : (a) 60,6 m/s ; (b) 245,0 m/s*

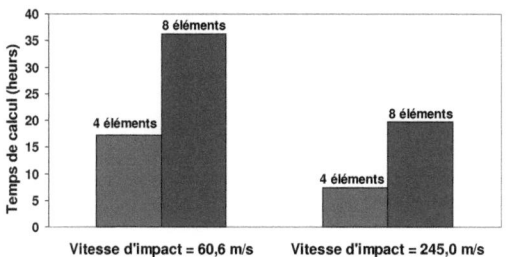

Figure 2.9 – *Temps de calcul des modèles par 4 et 8 éléments*

On note que ces différences ne sont pas significatives mais le temps de calcul du modèle à 8 éléments est presque le double de celui à 4 éléments (Fig. 2.9). C'est pour cette raison que, dans la suite des calculs, le choix des 4 éléments est retenu.

2.1.5.2 Analyse numérique du comportement d'impact d'un tissu

La figure 2.10 montre l'état des tissus après l'impact dans le cas d'un modèle macroscopique (a) et d'un modèle mésoscopique (b). Globalement, les zones affectées par l'impact constituent un ensemble sous forme d'une croix centrée au niveau du point central d'impact sur le tissu. Ces phénomènes ont également été observés pendant l'événement d'impact balistique dans le cas des deux modèles macroscopique et mésoscopique. Dans le cas d'un modèle mésoscopique, la figure 2.10b montre l'étendue de la déformation ainsi que les modes de rupture d'un tissu sous impact avec perforation. En effet, dans la partie centrale, les fils glissent les uns par rapport aux autres autour du projectile conduisant à la rupture locale des fils. De même, le fil central de la partie libre est animé d'un mouvement de glissement du fait de l'absence des efforts aux bords. Ces constatations sont conformes avec celles observées expérimentalement (Fig. 2.11).

En effet, le résultat expérimental montre que pendant le temps de pénétration du projectile, la réponse du tissu est divisée en mécanismes ou phases d'endommagement différents (Fig. 2.11) :
- Formation d'une pyramide dont le sommet étant la tête du projectile
- Mouvement des fils primaires (les fils qui traversent la zone de contact avec le projectile et perpendiculaire au bord libre) hors du plan de tissu en raison de non-fixation des bords
- Rétrécissement du tissu et éclatement des fils aux deux bords libres en raison du choc causé par le projectile
- Une zone fortement endommagée et localisée (zone de contact entre les fils et le projectile) où les fils primaires perpendiculaires au bord libre ont essentiellement glissé autour du projectile et les fils primaires parallèles à ce bord sont essentiellement cassés en traction en raison de la fixation aux deux extrémités.
- Quatre zones large non-endommagées loin du point de contact

2.1.5.3 Comparaison entre les modèles macroscopique et mésoscopique

La figure 2.12 montre la variation de la vitesse du projectile pour le cas de 3 vitesses d'impact : 60,6 m/s, 92,1 m/s et 245 m/s pour les deux modèles macroscopique et mésoscopique.

Il est à noter que ces courbes peuvent être divisées en deux phases différentes :
- La première phase commence à partir de l'instant d'impact (0 μs) et se termine dès la rupture de fils. Les premières phases dans tous les modèles sont souvent parabolique. En fait, dans cette phase, la réponse du tissu est caractérisée par la formation d'une pyramide de déformation sans rupture des fils. L'énergie cinétique du projectile est donc absorbée essentiellement par une déformation élevée des fils primaires et une déformation faible des fils secondaires (ceux qui ne sont pas en contact avec le projectile). La déformation des fils secondaires diminue en fonction de la distance par rapport au point d'impact. Au début, la vitesse du projectile est dissipée lentement en raison du processus

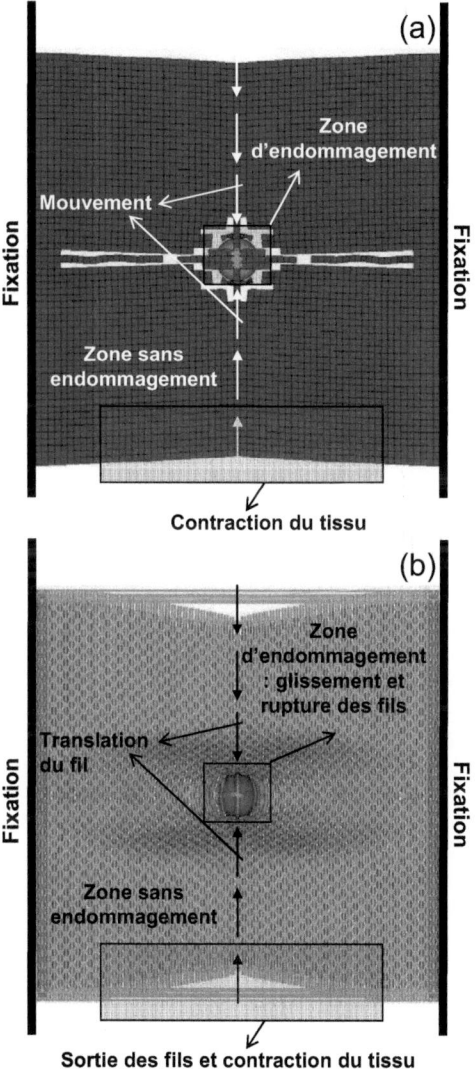

Figure 2.10 – *Différentes zones d'endommagement pour une vitesse d'impact de 245 m/s : (a) Modèle macroscopique, (b) Modèle mésoscopique*

de "de-crimping" des fils primaires. Par la suite, la déformation des fils primaires se propage progressivement dans les fils secondaires à travers les points d'entrecroisement et la vitesse du projectile diminue plus rapidement.

À la fin de la phase parabolique, la décélération de la vitesse du projectile atteint le point maximal parce que c'est le moment où le processus "de-crimping"

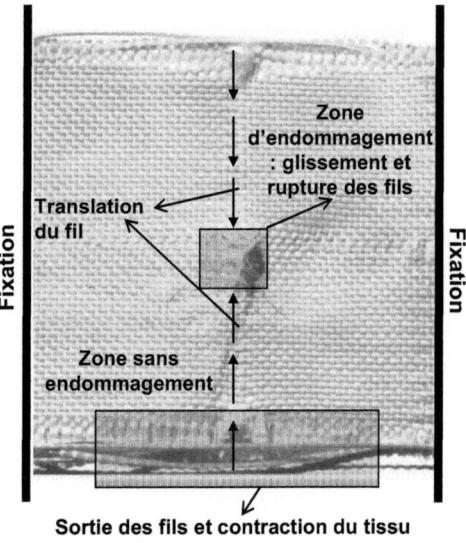

Figure 2.11 – *Configuration du tissu avec une surface libre de 5 × 5 cm après l'impact de 245 m/s [DKW+05a]*

des fils primaires se termine et que ces fils sont complètement tendus jusqu'à la rupture. On peut également observer que dans la phase parabolique, une forte diminution de la vitesse du modèle macroscopique est plus rapide que pour celui mésoscopique. En fait, le processus de "de-crimping" n'existe pas dans le modèle macroscopique. Ainsi, le tissu est soumis à une traction dès la présence de contact, la propagation de l'onde transversale peut se produire immédiatement du fait d'une certaine rigidité de ce type de modèle.

En comparant les courbes méso-macro, présentées par la figure 2.12, correspondant à des vitesses d'impact différentes, on note que dans la zone parabolique, la courbe du modèle macroscopique et modèle mésoscopique donnent des résultats du même ordre de grandeur pour la vitesse d'impact élevée. La différence entre les deux modèles réside dans l'instant d'apparition de la rupture du fil et diminue également de plus en plus (de la vitesse d'impact de 60,6 m/s à celle de 245.0 m/s). Cela signifie que pour une vitesse d'impact élevée, le comportement du modèle mésoscopique est proche du modèle macroscopique. Ce résultat est conforme avec les observations expérimentales. En fait, dans le cas d'impact très rapide, le temps pour la propagation des ondes de déformation dans le tissu est faible. Ainsi, seuls les fils primaires contribuent essentiellement à résister au projectile, la contribution des fils secondaires peut être négligeable. On peut mieux comprendre ce phénomène physique avec la figure 2.13 : Les comportements d'impact des deux modèles mésoscopique et macroscopique proviennent essentiellement des fils primaires dans la zone en "croix".

– La deuxième zone de variation de vitesse est une courbe quasi-linéaire. Elle commence avec l'apparence de la rupture des fils primaires et le glissement im-

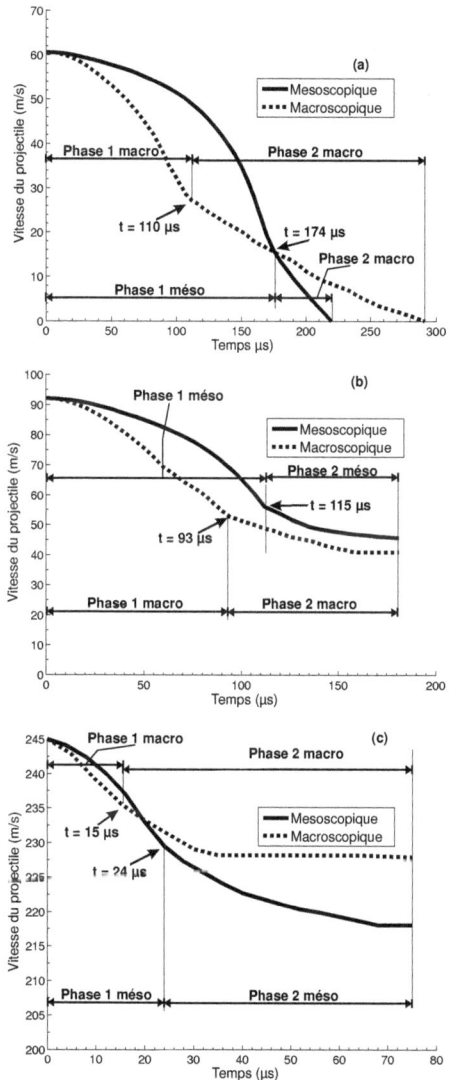

Figure 2.12 – Evolution de la vitesse du projectile des modèles macroscopique et mésoscopique pour les cas d'impact : (a) 60,6 m/s; (b) 92,1 m/s et (c) 245 m/s

portant d'autres fils primaires adjacents hors de la zone de contact (Fig.2.12). En raison de la fixation sur les deux bords, les fils primaires perpendiculaires à ces bords sont les premiers soumis à la rupture. Lorsque ces fils sont complètement cassés, leur contribution pour stopper le projectile et la propagation des ondes de déformation des fils secondaires associés aux points d'entrecroisement

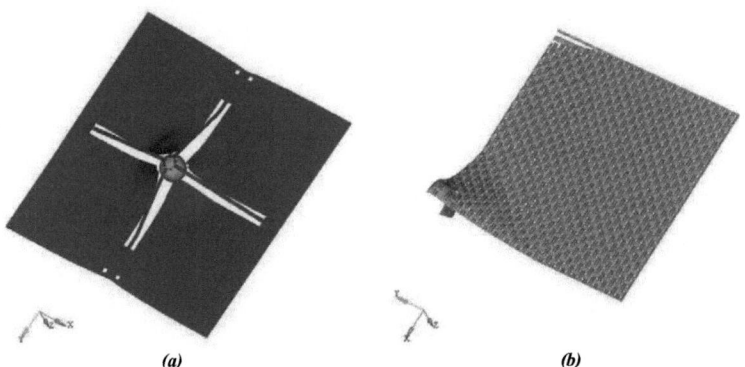

Figure 2.13 – Configurations de tissu déformé par la vitesse d'impact élevée de 245 m/s : (a) Modèle macroscopique ; (b) Modèle mésoscopique

est négligeable. C'est pourquoi la décélération du projectile dans cette zone est plus lente qu'à la fin de la première zone.

La pénétration continue du projectile est caractérisée par deux mécanismes : le glissement des fils primaires hors de la zone de contact et leurs rupture. Le mécanisme de rupture se produit essentiellement pour les fils primaires perpendiculaires aux deux bords encastrés tandis que le glissement est observé sur les fils primaires parallèles à ces bords. Cela représente correctement le comportement physique des fils. Les fils cassent sous une traction due à la fixation et quand ils glissent sans rupture du côté du bord libre.

Avec la vitesse d'impact de 60,6 m/s, le projectile ne peut pas perforer le tissu. L'impact se termine après le développement continu du glissement et de la rupture de quelques fils primaires. Le projectile est accroché par les fils primaires parallèles aux deux bords fixes. Le mouvement des fils primaires est représenté sur la figure 2.14. Le fil primaire central ne glisse pas hors de la zone de contact. Toutefois, en raison de la pénétration du projectile, ce fil est sorti du plan de tissu (Fig. 2.14).

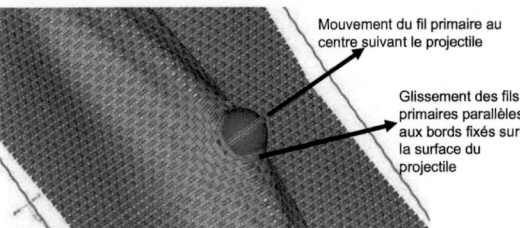

Figure 2.14 – Observation localisée sur la zone de contact du modèle mésoscopique avec la vitesse d'impact de 245 m/s

2.1.6 Synthèse

Deux modèles numériques maroscopique et mésoscopique ont été développés pour modéliser l'impact balistique sur les tissus 2D utilisant les éléments coques. Le nombre des éléments du modèle macroscopique est considérablement plus important que celui du modèle mésoscopique. Car le modèle macroscopique ne détaille pas

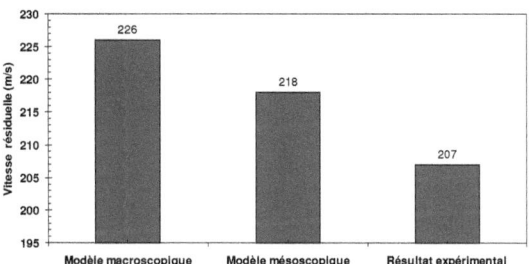

Figure 2.15 *– Comparaison de la vitesse résiduelle entre nos résultats numériques et des données expérimentales selon [DKW+05a]*

les fils dans le tissu comme le modèle macroscopique. Il ne peut pas décrire les phénomènes délicats du tissu pendant l'impact comme le frottement entre les fils. Quatre éléments pour une section transversale du fil sont suffisants pour la modélisation mésoscopique.

Au final, on peut noter que les résultats calculés par les deux modèles (macroscopique et mésoscopique) montrent une bonne prédiction de la vitesse résiduelle du projectile. Les modèles peuvent simuler l'arrêt du projectile pour l'impact de 60,6 m/s et la perforation pour les impacts à 92,1 m/s et 245 m/s. Les deux modèles peuvent déterminer les vitesses résiduelles du projectile après l'impact. La figure 2.15 donne un bilan des résultats numériques afin de comparer avec les travaux expérimentaux de Duan et al. [DKW+05a] dans le cas d'impact 245 m/s.

2.2 Partie II : Étude de sensibilité paramétrique des caractéristiques mécaniques du fil

Dans cette section, les effets des propriétés mécaniques transversales sur la performance balistique du tissu sont étudiés numériquement, à savoir :
- Le coefficient de Poisson ν_{12}
- Le module transversal E_{22}
- Le module de cisaillement G_{12}

L'objectif est d'identifier les paramètres les plus importants à tester pour avoir des valeurs correctes dans la modélisation numérique des tissus secs soumis à l'impact balistique. Pour faire des études sur les trois paramètres cités ci-dessus, nous utilisons les paramètre selon [CCW05] comme référence (Tableau 2.1. Quand un paramètre est étudié, il varie dans l'intervalle associé tandis que les autres paramètres sont considérés fixes. Les détails sont donnés dans le tableau 2.1.

Tableau 2.1 – *Cas de l'étude paramétrique sur les propriétés mécaniques transversales du fil utilisant les valeurs expérimentales selon [CCW05] comme la référence*

Cas	E_{11} (GPa)	E_{22} (GPa)	G_{12} (GPa)	ν_{12}
Cheng et al.	84.62	1.34	24.4	0.6
Influence de ν_{12}	84.62	1,34	24,4	Variation entre 0,01 et 0,8
Influence de E_{22}	84.62	Variation entre 0,06 et 5,36	24,4	0.6
Influence de G_{12}	84.62	1,34	Variation entre 0,1 et 70	0.6

En effet, pour les constantes transversales : ν_{12}, E_{22} et G_{12}, les valeurs expérimentales de Cheng et al. sont considérablement élevées par rapport à celles proposées par Rao et al. [RDK+09]. Selon Rao et al., ces constantes sont proches de zéro. Dans cette partie, nous utilisons deux configurations d'impact pour analyser l'influence des propriétés mécaniques transversales du fil :
- (1) L'impact sur un fil ondulé
- (2) L'impact sur un tissu complet

Dans le cas d'impact sur le tissu, le tissu est fixé à tous les côtés afin de créer l'équivalence pour les deux directions de trame et de chaîne (Fig. 2.16a). Un quart du modèle est modélisé pour minimiser le temps de calcul (Fig. 2.16b).

La figure 2.17 illustre la modélisation de l'impact transversal sur un fil ondulé et fixé aux deux bords. La longueur et l'ondulation de ce fil sont égales à celles d'un fil quelconque dans le tissu 2D étudié au-dessus. Cela permet de comparer le comportement à l'impact du fil dans les deux cas : fil seul et fil inséré dans une structure tissée. Donc, le principe est identique pour choisir les autres conditions d'impact comme le matériau du fil et le coefficient de frottement du contact fil/projectile, etc. Par ailleurs, la symétrie du système est utilisée pour réduire la taille de calcul à un quart du modèle avec les conditions compatibles (Figs. 2.17b, 2.17d).

Une vitesse d'impact de 245 m/s est choisie pour cette étude, car cet impact est validé dans la section précédente avec les propriétés expérimentales selon [CCW05] :

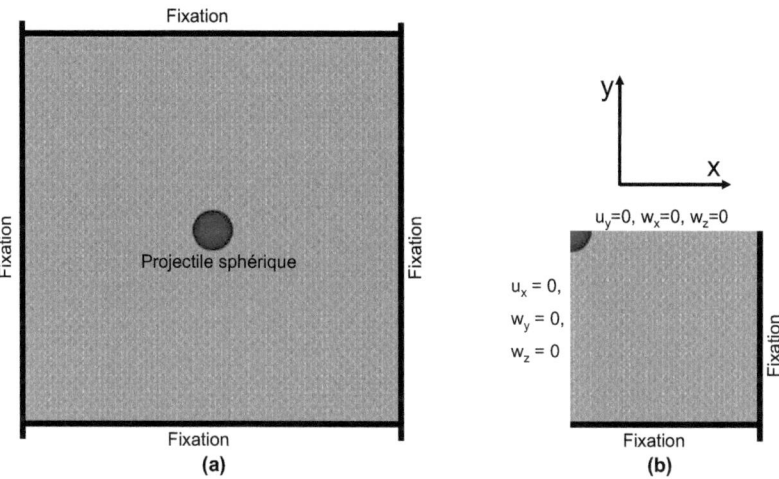

Figure 2.16 – *Conditions aux limites de l'impact sur le tissu pour étudier l'effet des propriétés mécaniques transversales (a) Modèle complet ; (b) Un quart du modèle*

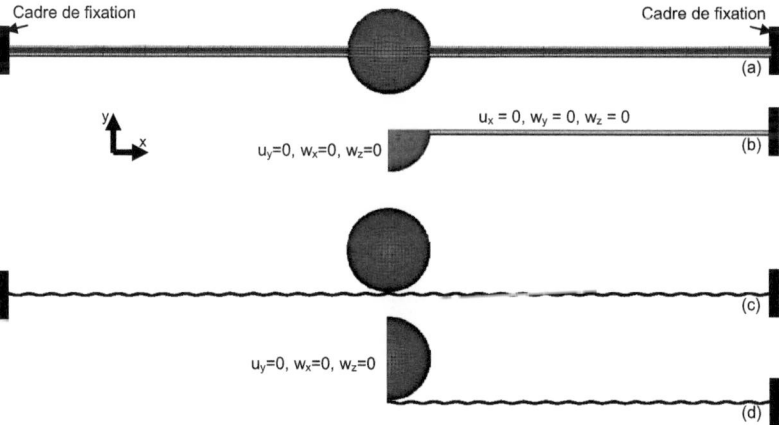

Figure 2.17 – *Configuration de la modélisation numérique de l'impact sur un seul fil ondulé : (a) Vue de dessus du modèle complet ; (b) Vue de face d'un quart du modèle ; (c) Vue de face du modèle complet ; (d) Vue de dessus d'un quart du modèle*

cas de perforation.

2.2.1 Influence du coefficient de Poisson

Les figures 2.18a et 2.18b montrent les évolutions de la vitesse du projectile en fonction du temps quand le coefficient de Poisson varie entre 0,01 et 0,8 dans deux cas d'impact : sur un fil ondulé et sur un tissu.

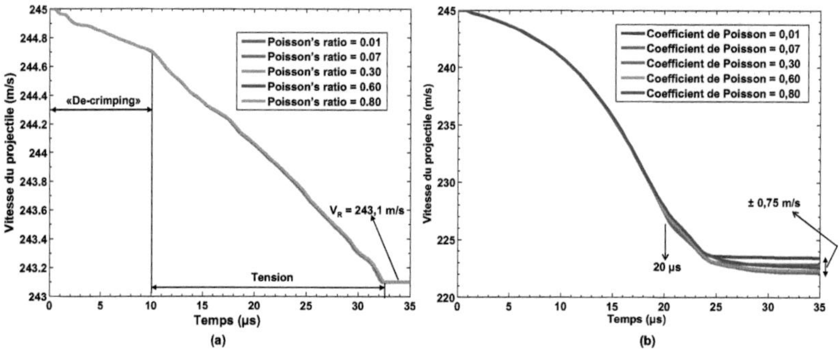

Figure 2.18 – *Évolution de la vitesse en fonction du temps avec les coefficients de Poisson différents dans le cas : (a) impact sur le fil ondulé ; (b) impact sur un tissu*

On peut observer que toutes les courbes dans le cas d'un impact sur le fil présente des comportements similaires. La vitesse du projectile diminue lentement dans les premiers $10\mu s$. En fait, cette période correspond au processus "de-crimping" où le fil est en cours du dépliage. De plus, l'onde de déformation ne peut pas encore se propager longitudinalement, la quantité de matière contribuant à stopper le projectile n'est pas suffisante. Après ce temps, la décélération est plus forte avec le développement de la traction sur le fil. Globalement, à $32,5\mu s$, la perforation du fil a lieu à une vitesse résiduelle égale à 243,1 m/s.

D'une façon générale, dans le cas d'un impact sur le tissu, toutes les courbes sont également similaires à partir du début de l'impact jusqu'à la rupture du fil (de 0 à 20 μs environ dans la figure 2.18b). Après 20 μs, une différence relative est observée pour les fils ayant des valeurs différentes du coefficient de Poisson. En fait, la rupture conduit aussi à une perturbation du calcul avec une erreur acceptable de $\pm 0,75$ m/s entre les courbes sur la vitesse résiduelle.

Ainsi, l'ensemble des résultats montre que le coefficient de Poisson n'influence pas l'évolution de la vitesse du projectile sur un fil et sur un tissu.

2.2.2 Influence du module transversal

La figure 2.19 montre l'évolution de la vitesse du projectile en fonction du temps dans le cas d'un impact sur un fil pour des valeurs du module transversal variant entre $E_{22} = 0,06$ GPa et $E_{22} = 5,36$ GPa. Globalement, les différentes courbes mettent en évidence les 3 zones principales décrivant l'évolution de la vitesse d'impact en fonction du temps, à savoir :
- De 0 μs à 10 μs : c'est le processus "de-crimping" du fil.
- De 10 μs à 32,5 μs : Le fil en état tendu subit une traction.
- De 32,5 μs à 35 μs : Après l'instant de rupture du fil, le projectile possède une vitesse résiduelle constante.

Lorsque le module transversal diminue, la pente des courbes est de plus en plus faible et ces courbes deviennent horizontales correspondant au moment de la rupture des fils.

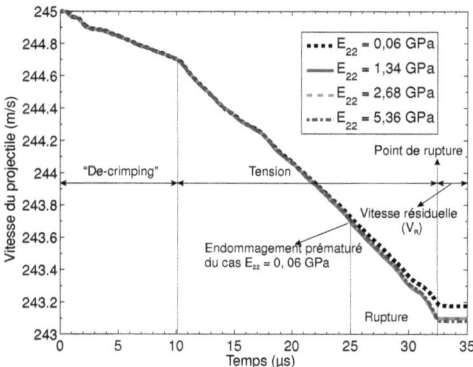

Figure 2.19 – Évolution de la vitesse au cours de l'impact sur le fil avec les modules transversaux différents

La figure 2.20 montre l'endommagement prématuré d'un fil à 25 μs dans le cas où $E_{22} = 0,06\ GPa$. Toutefois, ce phénomène n'existe plus pour tous les cas avec un module transversal supérieure ou égale à $1,34\ GPa$. Par exemple, la figure 2.20b montre que le fil ayant, le module transversal égal à 2,68 GPa, n'est pas endommagé au même instant t = 25 μs. En fait, pour les valeurs faibles de E_{22}, les fils cassent facilement pour un même chargement par rapport aux modules supérieurs ou égaux à 1,34 GPa. Il faut noter que dans les travaux de Cheng et al. [CCW05], le modèle transversal a été déterminé expérimentalement, sa valeur est égale à 1,34 GPa.

Figure 2.20 – Comparaison du comportement du fil à $25\mu s$ de l'impact dans deux cas de module transversal : (a) $E_{22} = 0,06\ GPa$; (b) $E_{22} = 2,68\ GPa$

La figure 2.21 montre l'évolution de la vitesse du projectile pour un tissu correspondant à 4 valeurs du module transversal : 0,06 ; 0,62 ; 1,34 ; et 5,36 GPa.

Pour une valeur faible de $E_{22} = 0,06$, l'initiation de la rupture est prématurée puisqu'elle intervient à 14 μs. De même, la perforation du tissu est observée à 22,5 μs pour une vitesse résiduelle égale à 229 μs. La figure 2.21 montre aussi que quand le module transversal augmente, la vitesse du projectile diminue rapidement, ainsi que la vitesse résiduelle. Par contre, l'évolution de la vitesse du projectile est similaire pour E_{22} supérieure ou égale à 1,34 GPa (Fig. 2.21).

En effet, le comportement principal des fils pendant l'impact est la traction et le cisaillement, donc, le module transversal ne peut pas influencer considérablement la performance balistique.

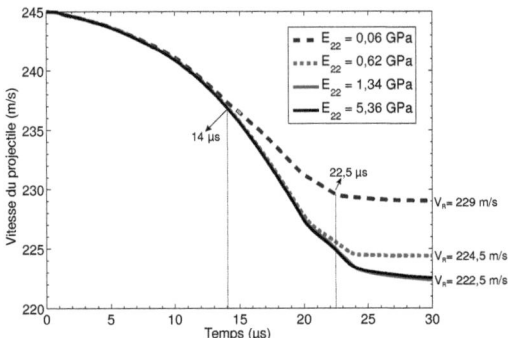

Figure 2.21 – *Évolution de la vitesse au cours de l'impact sur le tissu avec les modules transversaux différents*

2.2.3 Influence du module de cisaillement

La figure 2.22 montre l'évolution au cours du temps pour une vitesse d'impact de 245 m/s sur un fil ondulé avec des modules de cisaillement G_{12} différents.

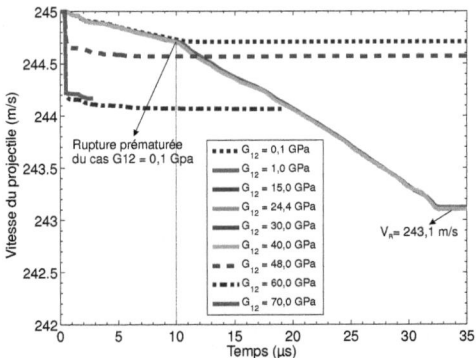

Figure 2.22 – *Evolution de la vitesse du projectile pendant l'impact 245 m/s sur un fil avec les différentes valeurs du module de cisaillement*

Neuf valeurs du module de cisaillement de fil ont été choisies : 0,1 GPa ; 1,0 GPa ; 15,0 GPa ; 24,4 GPa ; 30,0 GPa ; 40,0 GPa ; 48,0 GPa ; 60,0 GPa et 70,0 GPa.

Nous pouvons observer que lorsque le module de cisaillement est inférieur à 1,0 GPa (la courbe 0,1 GPa), la vitesse du projectile semble diminuer d'une façon similaire au cas où $G_{12} = 24,4\ GPa$ jusqu'à 10 μs environ. A partir de cet instant, la vitesse d'impact atteint sa valeur résiduelle qui semble dépendre légèrement de la valeur de G_{12} dans cet intervalle. En fait, la rupture des fils est prématurée dans le cas des valeurs du module G_{12} qui sont inférieures à 1 GPa. Tandis que, l'évolution de la vitesse d'impact pour une valeur de $G_{12} = 24,4\ GPa$ présente une évolution conduisant à une vitesse résiduelle après la rupture du fil qui est égale à 243,1 m/s. Cette valeur peut être considérée proche de la réalité avec une vitesse initiale d'impact égale à 245 m/s. (Fig. 2.23a). Il est à noter que $G_{12} = 24.4\ GPa$ correspond

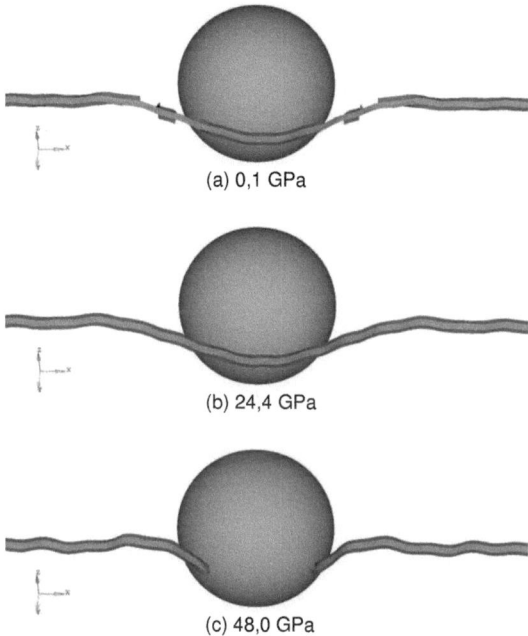

Figure 2.23 – Configurations des impacts sur un fil ondulé à 8, 1µs pour les modules de cisaillement (a) 0,1 GPa ; (b) 24,4 GPa ; (c) 48 GPa

à la valeur expérimentale du module de cisaillement déterminée par Cheng et al. [CCW05]. Lorsque le module de cisaillement est supérieur à 48,0 GPa, la rupture est presque instantanée comme illustré par la figure 2.23c où cette rupture est observée à t = 8,1 µs. Ce mode de rupture du fil peut être expliqué par le fait que la valeur élevée du module de cisaillement G_{12} par rapport au module d'Young longitudinal E_{11}. Dans ces cas, le comportement du fil en tension et en flexion est négligeable devant le cisaillement.

La figure 2.24 illustre l'évolution de la vitesse du projectile dans le cas d'un tissu 2D soumis à un impact pour des modules de cisaillement G_{12} variant entre 0,1 GPa et 70,0 GPa.

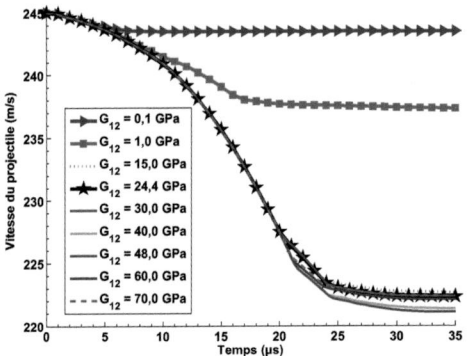

Figure 2.24 – Evolution de la vitesse du projectile pendant l'impact 245 m/s sur le tissu avec les modules différents de cisaillement

Les courbes, correspondant aux modules de cisaillement inférieurs à 1,0 GPa mettent en évidence des endommagements précoces du tissu (Fig. 2.25). Les ruptures des fils réduisent la résistance balistique du tissu et provoquent une perforation prématurée. Dans ces configurations, la vitesse résiduelle du projectile est sensiblement proche de la vitesse initiale. La figure 2.24 montre que les évolutions de la vitesse d'impact sont similaires pour des valeurs de G_{12} variant entre 15 et 70 GPa. Il semble que la structure du tissu crée un effet qui permet de réduire l'énergie d'impact sur chaque fil. Donc, la rupture instantanée en cisaillement pur des fils n'a pas lieu comme le cas d'impact sur un fil seul.

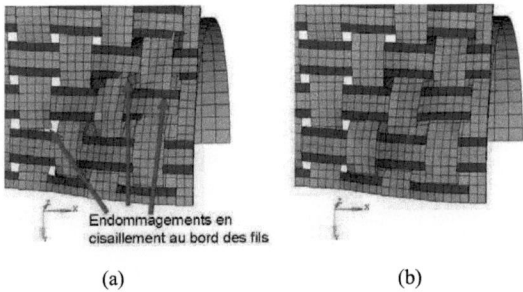

Figure 2.25 – Configuration de tissu à 6,7 μs dans les cas du module de cisaillement : a) = 1,0 GPa ; b) = 24,4 GPa

2.2.4 Synthèse

Dans cette partie, nous avons développé une étude de sensibilité paramétrique des caractéristiques mécaniques transversales sur le comportement dynamique d'un fil et d'un tissu tels que :
- Coefficient de Poisson : ν_{12}
- Module d'élasticité transversal : E_{22}
- Module de cisaillement : G_{12}

Cette étude a porté sur la tenue balistique dans le cas d'un fil et d'un tissu. A l'issue de cette investigation numérique, nous pouvons tirer les conclusions suivantes :
- Le coefficient de Poisson, ν_{12}, n'influence pas l'évolution de la vitesse d'impact dans le cas d'un fil et d'un tissu.
- Globalement, le module d'élasticité transverse, E_{22} n'influence pas les résultats du modèle numérique. Cependant, dans le cas des valeurs faibles, E_{22} peut causer une rupture prématurée du fil pendant l'impact.
- Par contre, le module de cisaillement, G_{12}, affecte le comportement d'impact du fil et du tissu. En effet, pour les faibles valeurs de G_{12}, les ruptures des fils sont prématurées conduisant à des vitesses résiduelles faibles.

2.3 Partie III : Modèle multi-échelle pour les tissus 2D

Dans la partie I, nous avons réalisé des calculs numériques en vue d'une prédiction de la tenue des tissus à l'impact balistique en utilisant de types de modélisation :
- Un modèle mésoscopique de l'impact balistique nécessite un grand nombre d'éléments pour détailler l'ondulation et la section elliptique des fils.
- Un modèle macroscopique qui considère les tissus comme une plaque homogénéisée peut réduire la taille du calcul, mais il ne représente pas les mécanismes délicats d'endommagement des tissus au point d'impact.

La section 2.1.5.3 a permis de montrer les différentes réactions à l'impact entre ces deux types de modèle. Le modèle mésoscopique peut décrire complètement les phénomènes d'impact : la formation d'une pyramide, la rupture des fils, la déformation et le glissement des fils, etc. Toutefois, le modèle macroscopique ne peut prédire que la formation d'une pyramide, les dommages locaux autour du périmètre du projectile. Une combinaison des deux modèles est raisonnable pour développer un modèle multi-échelle afin de minimiser le temps de calcul.

La figure 2.26 montre le développement de la zone endommagée décrite par la distribution des contraintes dans le cas du modèle mésoscopique, pour 3 instants différents : 9, 17 et 33 μs. En fait, la zone endommagée du tissu a une forme en croix correspondant à deux directions de chaîne et de trame. On peut considérer cette zone comme la zone de travail principale lors de l'impact balistique. Le reste du tissu n'est pas affecté par l'impact. Par conséquent, ce constat conduit à proposer une modélisation multi-échelle afin de combiner les modèles macro et méso.

Dans le modèle multi-échelle, la zone de travail principale doit être décrite au niveau mésoscopique où les fils sont détaillés (Fig. 2.27) par un maillage fin. Pour les quatre zones restantes où la déformation des fils n'est pas majeure, il est convenable de remplacer les fils en détail par une plaque homogène : la zone macroscopique avec les éléments de grande taille. Ainsi, le modèle multi-échelle proposé comporte deux zones de calculs : (i) une zone mésoscopique correspondant à la zone des endommagements localisés (le fort glissement et la rupture des fils (Fig. 2.27a), (ii) une zone macroscopique correspondant à la zone sans endommagement (Fig. 2.27a).

Les figures 2.27b et 2.27c illustrent clairement l'architecture du modèle proposé. La figure 2.27d décrit le lien entre le maillage de la zone macroscopique et celui de la zone mésoscopique. Il est à noter qu'on utilise des éléments coques 3D pour décrire les deux modèles mésoscopique et macroscopique. Ce type d'élément a une certaine épaisseur. Toutefois, dans cette figure, ces éléments sont présentés par leurs surfaces neutres, et leur épaisseur n'est pas visible. La surface neutre de la zone macroscopique est placée au centre de l'épaisseur du tissu. En raison de la symétrie du tissu, cette surface coupe les fils dans la zone mésoscopique pour créer les lignes droites à l'interface méso-macro (Fig. 2.27d). Par conséquent, à cette interface, l'ensemble des noeuds de la zone mésoscopique peut être collé parfaitement sur la ligne frontière de la zone macroscopique.

Le modèle mésoscopique apparaît conforme aux résultats expérimentaux balistiques. En effet, le modèle mésoscopique a été validé pour deux vitesses d'impact de 60 m/s et 245 m/s dans les sections précédentes. L'architecture du modèle multi-échelle est caractérisée par un rapport des aires de la surface modélisées au niveau mésoscopique et celle au niveau macroscopique, noté r_a.

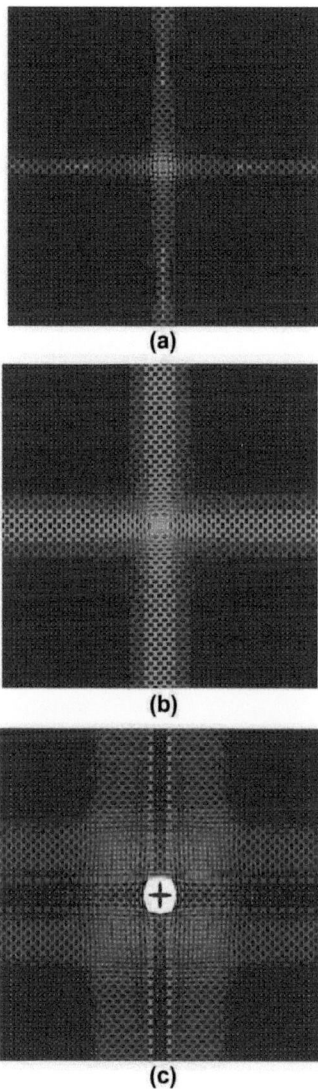

Figure 2.26 – *Distribution des contraintes von-Mises sur le tissu impacté par un projectile sphérique avec une vitesse de 245 m/s à : (a) 9 µs ; (b) 17 µs ; (c) 33 µs*

Il est à noter que le modèle mésocopique possède un rapport sur l'aire surfacique de recouvrement entre la zone mésoscopique et macroscopique : $r_a = 0{,}0\%$ - $100{,}0\%$. Ainsi, les modèles multi-échelles sont une réduction du modèle mésoscopique. Dans cette section, le rapport r_a varie pour étudier le comportement du tissu soumis à l'impact balistique afin de déterminer le rapport optimal. Pour y parvenir, trois

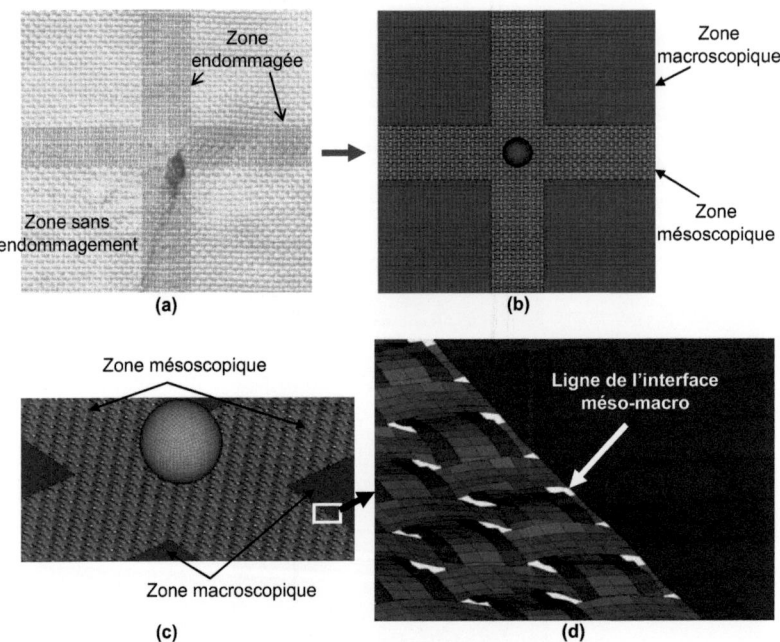

Figure 2.27 – *Définition d'un modèle multi-échelle : (a) une image du tissu après impact [DKW+05a]; (b) Vue globale du modèle multi-échelle; (c) Vue locale d'un modèle multi-échelle au point d'impact; (d) Connexion entre les zones mésoscopique et macroscopique.*

configurations : 56,3%-43,7%, 65,5%-34,5%, 75.3%-24.7% ont été étudiées.

Pour simuler les cas d'impact avec et sans perforation, deux vitesses d'impact ont été choisies : 60 m/s et 245 m/s. Le système d'impact dans la section 2.2 est utilisé avec les paramètres de matériau expérimentaux de Cheng et al. [CCW05]. En se basant sur l'équation 1.24, le module élastique de la zone macroscopique est déduit pour assurer la continuité de l'impédance acoustique à travers l'interface méso-macro. Dans ce cas, la réflexion des ondes de contrainte est minimisée à l'interface méso-macro. Par conséquent, cette démarche permet d'éviter une rupture prématurée des fils à cause de la réflexion des ondes au niveau des jonctions méso-macro.

2.3.1 Temps de calcul des modèles multi-échelles

La figure 2.28 illustre le temps de calcul du modèle mésocopique et ceux des modèles multi-échelles dans les deux cas d'impact : 60 m/s et 245 m/s. Ces graphes montrent que le temps de calcul est fortement réduit lorsque l'on compare les modèles multi-échelles avec le modèle mésoscopique. Parmi les modèles multi-échelles, la réduction du temps de calcul est plus importante en tenant compte du développement de la zone macroscopique. La raison est qu'avec une zone macroscopique large, le modèle multi-échelle peut utiliser un grand maillage au lieu d'un maillage fin. Dans cette zone, l'ondulation des fils n'est pas présentée, par conséquent, le nombre des éléments peut également être diminué davantage par rapport au modèle mésoscopique.

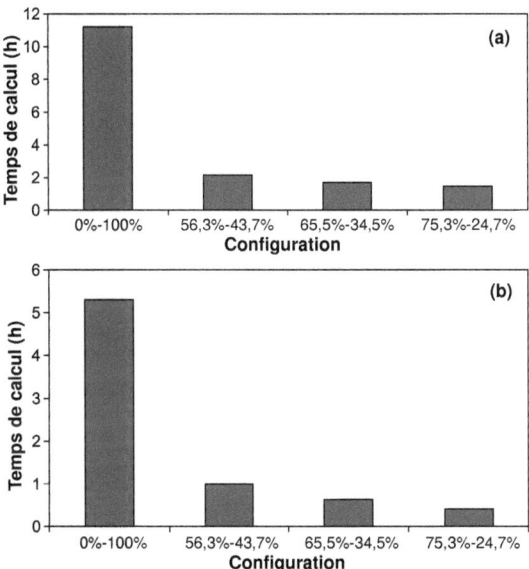

Figure 2.28 – *Temps de calcul des modèles multi-échelles dans les deux cas : (a) Impact 60 m/s; (b) 245 m/s*

En outre, avec une seule plaque homogène dans la zone macroscopique, les modèles multi-échelles ne doivent pas calculer les contacts entre les fils. Cela permet aux modèles multi-échelles de réduire encore le temps de calcul. Les deux graphes 2.28a, 2.28b indiquent également que le temps de calcul augmente lorsque la vitesse d'impact diminue. Cela s'explique par le fait que les phénomènes d'impact ont lieu plus rapidement avec des vitesses élevées.

2.3.2 Validation de la continuité de l'interface méso-macro

Il est bien connu que le choix d'un modèle multi-échelle pose un problème lié à la continuité des paramètres au niveau de l'interface méso/macro. Pour vérifier la continuité de l'interface entre la zone mésoscopique et macroscopique, nous considérons le déplacement des points le long d'une ligne diagonale comme indiqué dans la figure 2.29a. La figure 2.29b montre l'évolution des déplacements de ces points pour deux instants différents dans le cas d'impact de 245 m/s : avant la rupture des fils (17 μs) et juste après la perforation complète (33 μs). Cette figure indique clairement la continuité des déplacements à l'interface méso-macro. Ces résultats valident l'approche utilisée pour l'interface méso-macro dans le cas de tissu 2D.

Globalement, toutes les courbes ont une configuration similaire à l'instant 17 μs et 33 μs. Cela signifie que les modèles multi-échelles peuvent également assurer la

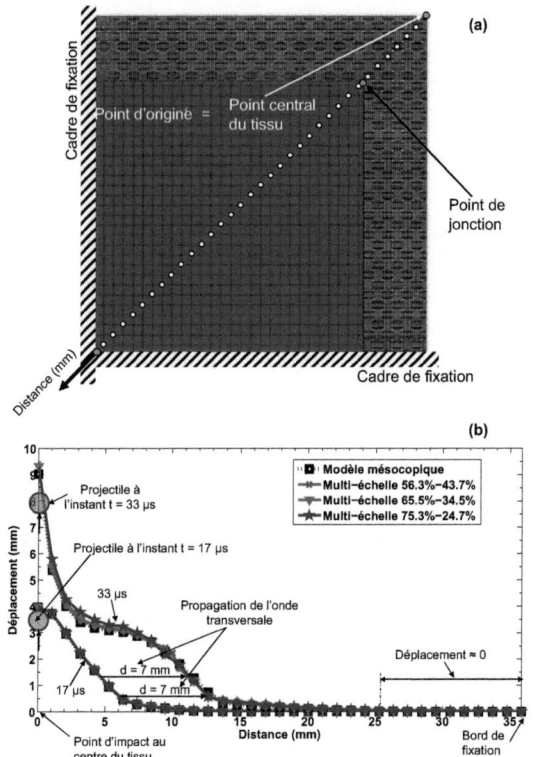

Figure 2.29 – (a) Points sur la diagonale d'un quart du tissu ; (b) Déplacement des points sur la ligne diagonale d'un quart du tissu impacté par le projectile avec les vitesses de 245 m/s à 17 µs et à 33 µs

précision dans le calcul du déplacement du tissu et la continuité à travers la jonction méso-macro. Dans la figure 2.29, on constate une légère différence du modèle 75,3% - 24,7% par rapport aux autres à 33 µs. Cette différence peut être attribuée à la rupture des fils qui est discutée dans la section suivante. La figure 2.29b peut aussi montrer les deux parties parallèles des courbes à deux instants associés $t_1 = 17$ µs et $t_2 = 33$ µs avec une distance horizontale appelée d = 7 mm. Cela montre la propagation d'un déplacement transversal similaire entre les deux points sur la diagonale de t_1 à t_2.

Dans la théorie des ondes de déformation, ceci correspond à la propagation de l'onde de déformation transversale dans le tissu. Par conséquent, il est possible d'évaluer approximativement la vitesse de propagation de l'onde de déformation transversale sur la ligne diagonale du tissu nommée u_d en utilisant la formulation suivante :

$$u_d = \frac{Distance}{Temps} = \frac{d}{t_2 - t_2} = \frac{7 \times 10^{-3} m}{(33-17) \times 10^{-6} s} = 437,5 m/s \quad (2.1)$$

Cette valeur peut être comparable aux résultats obtenus par Barauskas et Abraitienne [BA07] pour une vitesse de propagation variant de 180 à 325 m/s.

2.3.3 Evolution de la vitesse du projectile

Les figures 2.30 et 2.31 montrent les évolutions de la vitesse du projectile en fonction du temps obtenues par les modèles multi-échelles et mésoscopique pour deux vitesses d'impact de 60 m/s et 245 m/s correspondant aux cas avec et sans perforation.

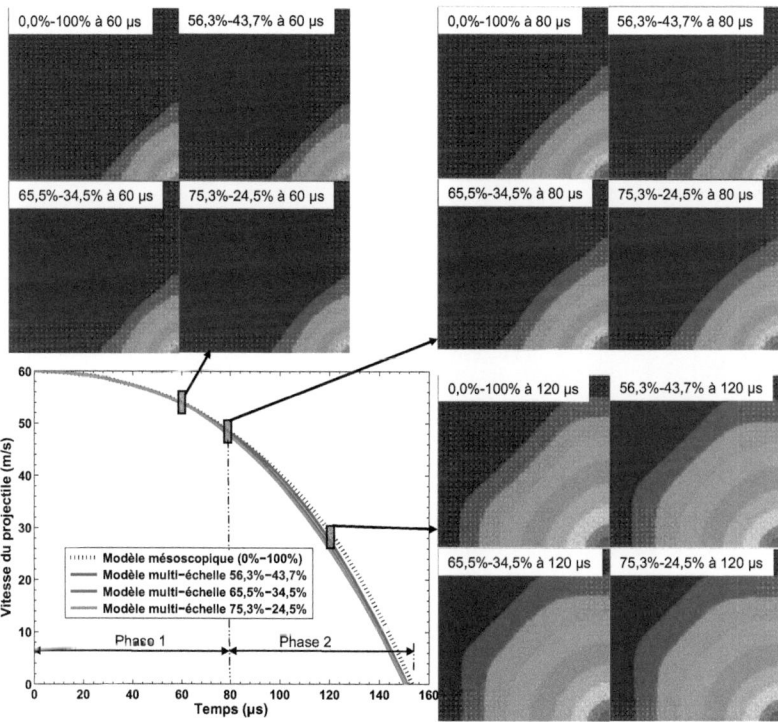

Figure 2.30 – *Evolution de la vitesse du projectile en fonction du temps avec un impact de 60 m/s*

Pour le cas d'une vitesse d'impact de 60 m/s (Fig. 2.30), les courbes de tous les modèles multi-échelles donnent des résultats similaires à ceux obtenus par le modèle mésoscopique. En général, on peut noter que l'évolution de la vitesse du projectile est légèrement modifiée au cours du processus d'impact du projectile. En effet, le projectile est complètement arrêté par le tissu, puis commence à rebondir à environ 50 μs pour toutes les configurations étudiées (Fig. 2.30). Lorsque l'onde de déformation transversale est contenue dans la zone locale (zone mésoscopique), les modèles multi-échelles donnent la même évolution de la vitesse d'impact correspondant à la première phase avant 50 μs (phase 1 sur la Fig. 2.30). Cette figure montre également une légère différence entre le modèle mésoscopique et les trois configurations de la

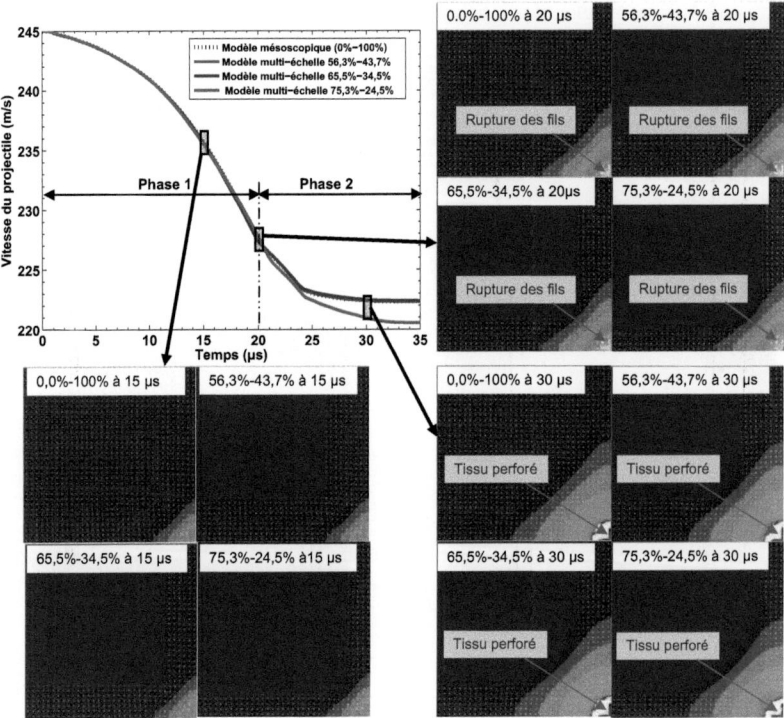

Figure 2.31 – *Evolution de la vitesse du projectile en fonction du temps avec un impact de 245 m/s*

modélisation multi-échelle dans la phase de 80 μs à 150 μs. Dans cette phase (phase 2 de la figure 2.30), la vitesse du projectile obtenue par le modèle mésoscopique est toujours plus élevée et le projectile est arrêté plus tard par rapport aux modèles multi-échelles. Il est clair que la structure homogène de la plaque est plus rigide que celle du modèle mésoscopique. Cela explique la différence légère de l'évolution de la vitesse entre les trois configurations de la modélisation multi-échelle et le modèle mésoscopique. Par conséquent, on comprend aussi pourquoi la décélération du projectile augmente avec le développement de la taille de la zone macroscopique comme observé dans la figure 2.30.

La figure 2.31, qui correspond au cas d'une vitesse d'impact de 245 m/s, peut être divisée en deux phases : avant et après la rupture des fils. Dans la première phase (la phase 1 de 0 μs à 20 μs), toutes ces courbes sont similaires parce que le front d'onde de déformation ne se développe que dans le domaine mésoscopique. Dans cette phase, l'effet de la zone macroscopique est donc très faible. On peut également observer qu'avec une vitesse d'impact élevée (245 m/s), le projectile peut casser les fils et perforer le tissu plus rapidement que l'onde de déformation transversale ne peut pas encore se propager considérablement dans la zone macroscopique. Il est à noter que pour l'impact de 245 m/s, le résultat du modèle multi-échelle de 75,3% -

24,7% est nettement différent des autres modèles multi-échelles, après environ 20 μs (correspondant à la phase 2 (Fig. 2.31)). En fait, la rupture des fils est due à la vitesse d'impact élevée, l'effet de la zone mésoscopique devient plus important pour la précision des modèles multi-échelles. La raison est que dans le cas d'un impact à vitesse élevée 245 m/s, les fils commencent à être cassés au point d'impact. Dans ce cas, l'instant initial de la rupture des fils varie d'un modèle à l'autre, car chaque modèle multi-échelle a une propre aire macroscopique et, par conséquent, il possède une résistance associée. Donc, la différence sur l'évolution de la vitesse du projectile entre les 3 configurations multi-échelles est observée lorsque la zone macroscopique est élargie (75,3%-24,7%).

Globalement, toutes les configurations de propagation de l'onde transversale sont similaires pour les modèles multi-échelles et mésoscopique dans les deux cas la vitesse d'impact : 60 m/s et 245 m/s (Figs. 2.30 et 2.31). Encore une fois, cela indique que l'interface méso-macro est bien modélisée, la réflexion des ondes de déformation semble insignifiante.

2.3.4 Analyse des énergies d'impact

Dans cette section, on s'intéresse à l'analyse des énergies d'impact en particulier :
– L'énergie cinétique E_{cine}
– L'énergie de déformation E_{def}
– L'énergie des contacts E_{cont}

dans le cas de la configuration multi-échelle correspondant à 65,5% - 34,5%.

La figure 2.32 compare le modèle multi-échelle de 65,5% - 34,5% et le modèle mésoscopique (100% - 0%) sur les évolutions de ces énergies pour le cas de l'impact de 245 m/s.

Les résultats de ces deux modèles sont presque les mêmes (Fig. 2.32) pour les trois énergies. La somme de ces énergies semble être constante pendant l'impact ($\simeq$ 4,74 J). Ainsi, le calcul valide le principe de la conservation d'énergie. Au cours des premiers $\simeq 9,5$ μs, les énergies des contacts et de déformation sont faibles, l'énergie cinétique est essentiellement constante. C'est la première étape de la pénétration du projectile dans le tissu où le processus 'de-crimping' des fils est prédominant, la déformation des fils et les frottements commencent à s'étendre dans le tissu à partir du point d'impact.

De $\simeq 9,5$ μs à l'instant de l'initiation de la rupture des fils ($\simeq 20$ μs), on observe les mécanismes suivants :
– L'énergie cinétique diminue nettement (Fig. 2.32a).
– L'énergie de la déformation augmentent fortement (Figs. 2.32b).
– L'énergie de la déformation augmentent linéairement (Figs. 2.32c).

Après ($\simeq 20$ μs), la rupture des fils se développe et l'énergie de déformation augmente légèrement tandis que l'énergie des frottements commence à accroître nettement. Il semble que les interactions entre les fils augmentent avec le développement de la rupture du tissu.

L'énergie de la déformation atteint la valeur maximale ($\simeq 0,29$ J) lorsque les fils primaires sont cassés et le projectile peut perforer le tissu à l'instant $t \simeq 24$ μs. A cet instant, la valeur de l'énergie des frottements est approximativement égale à la moitié de celle de déformation $(0,15$ $J)$. Par conséquent, il semble que la déformation des fils est plus importante pour absorber l'énergie cinétique du projectile dans ce

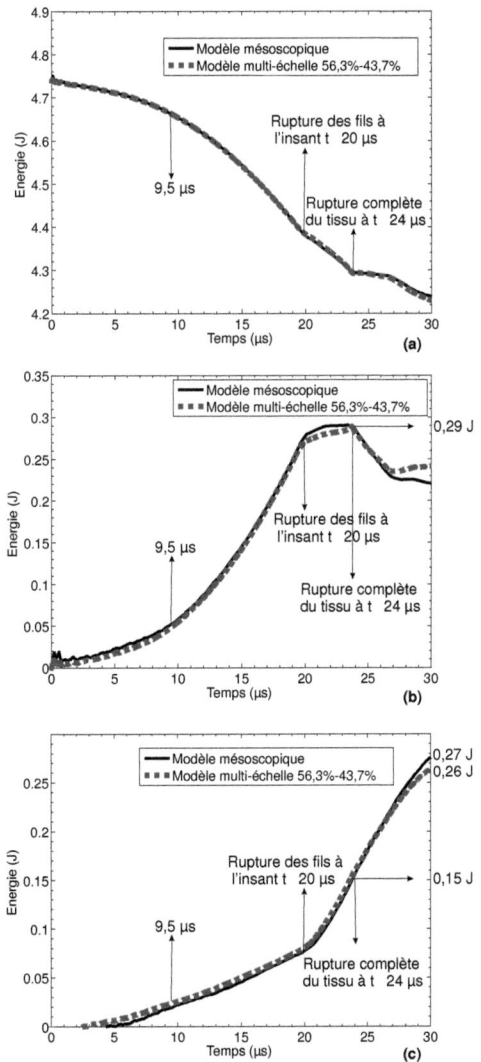

Figure 2.32 – Evolution des énergies des modèles multi-échelle de 65,5% - 34,5% et mésoscopique dans le cas de l'impact de 245 m/s : (a) énergie cinétique ; (b) énergie de déformation ; (c) énergie des contacts

cas.

Après la rupture complète des fils primaires (après $\simeq 24$ μs, l'énergie cinétique continue de diminuer sensiblement même si l'énergie des frottements continue d'augmenter (Figs. 2.32a et c). L'énergie des contacts peut continuer à accroître dans cette étape, car, le tissu continue à être sollicité en vibration par le retour élastique. Cette énergie dans le cas du modèle mésoscopique peut atteindre la valeur de $\simeq 0,27\ J$ supérieure à celle du modèle multi-échelle à l'instant $t \simeq 30\ \mu s$. La raison est que dans cette période, l'intensité des contacts devient considérable dans les zones lointaines du point d'impact où le modèle multi-échelles ne décrit pas les contacts entre les fils.

2.3.5 Analyse des mécanismes d'endommagement du tissu

La figure 2.33 compare les configurations du comportement du tissu lors de l'impact entre les modèles multi-échelles et le modèle mésoscopique.

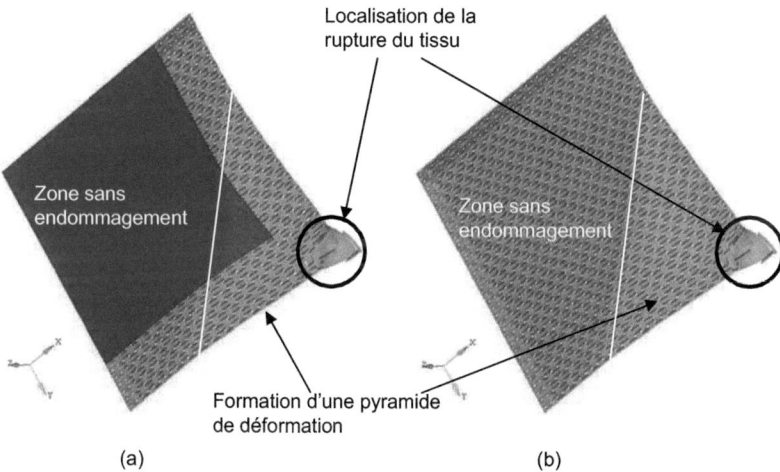

Figure 2.33 – *Comparaison du comportement global du tissu lors de l'impact de 245 m/s à 25 μs entre : (a) Le modèle multi-échelle de 65,5% - 34,5% ; (b) Le modèle mésoscopique*

On note que les principaux phénomènes causés par l'impact sont identiques (Fig. 2.33) :
– La formation des pyramides où le projectile pénètre dans le tissu.
– Les endommagements des tissus sont concentrés au niveau de la position de contact avec le projectile.
– La rupture des fils au point d'impact à une vitesse de 245 m/s.

En fait, les fils primaires sont la partie la plus importante du tissu 2D pour bloquer le projectile. Par conséquent, dans la zone de contact avec le projectile, les fils sont perturbés et cassés à cause de la friction et la tension. Les mécanismes d'endommagement sont complexes. Les modèles multi-échelles décrivent correctement ces mécanismes avec l'utilisation de la zone mésoscopique au niveau des fils primaires. Ainsi, le modèle multi-échelle peut maintenir des natures physiques de ce système d'impact. Dans la zone d'impact, la différence sur la position et l'instant d'apparition de la rupture des fils primaires n'est pas considérable entre le modèle mésoscopique et le modèle multi-échelle (Figs. 2.33a et 2.33b).

2.3.6 Force appliquée sur le projectile

Dans ce qui suit, nous nous intéressons à l'évaluation de la force appliquée au projectile au cours du processus d'impact. La comparaison entre l'évolution de la vitesse du projectile (Figs. 2.30 et 2.31) et celle de la force appliquée sur le projectile (Figs. 2.34a et 2.35a) indique que lorsque la force imposée sur le projectile augmente, la vitesse du projectile diminue.

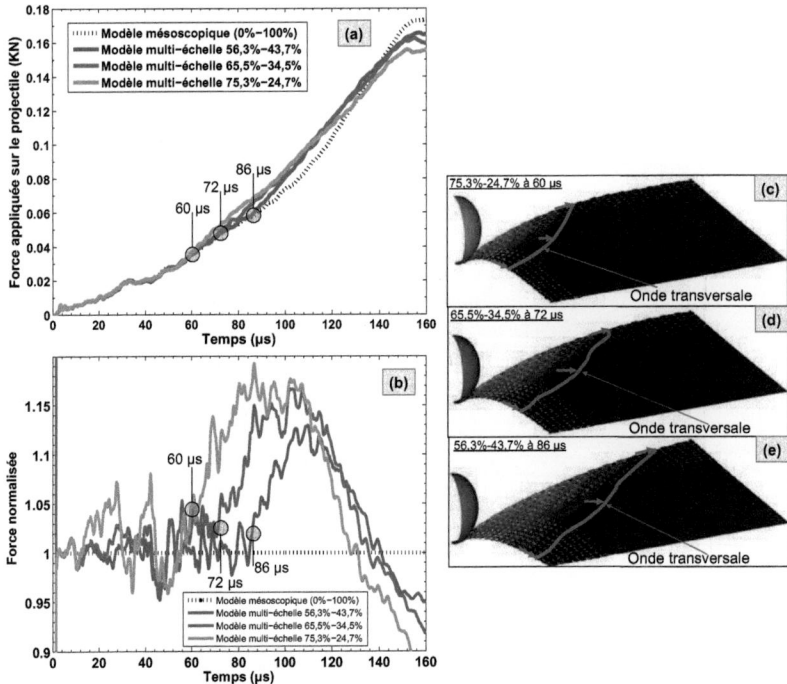

Figure 2.34 – *(a) La force appliquée sur le projectile en fonction du temps dans le cas de vitesse d'impact de 60 m/s; (b) Les courbes de force normalisées; (c-e) Les configurations des modèles multi-échelles dans les moments spécifiques*

Ces graphes montrent que l'intensité croissante de la force conduit à l'augmentation de la décélération du projectile. Les figures 2.34a et 2.35a montrent qu'au début de l'impact (environ, les premières 60 μs avec le cas d'impact de 60 m/s et les premières 10 μs en cas d'impact de 245 m/s), les courbes sont presque identiques. La raison est que la zone déformée par l'impact ne se propage pas sur une quantité considérable de la région macroscopique. Alors que, quand la zone macroscopique est fortement affectée par l'impact, les courbes multi-échelles commencent à séparer de celle mésoscopique (Figs. 2.34a et 2.35a). La courbe du modèle 75,3% - 24,7% se sépare en premier lieu de la courbe mésoscopique (à 60 μs pour le cas d'impact de 60 m/s, et à 10 μs pour le cas 245 m/s), car, la zone mésoscopique du modèle de 75,3% - 24,7% est la plus petite par rapport aux autres. Donc, l'onde

2 Modélisation numérique de la dynamique rapide des tissus 79

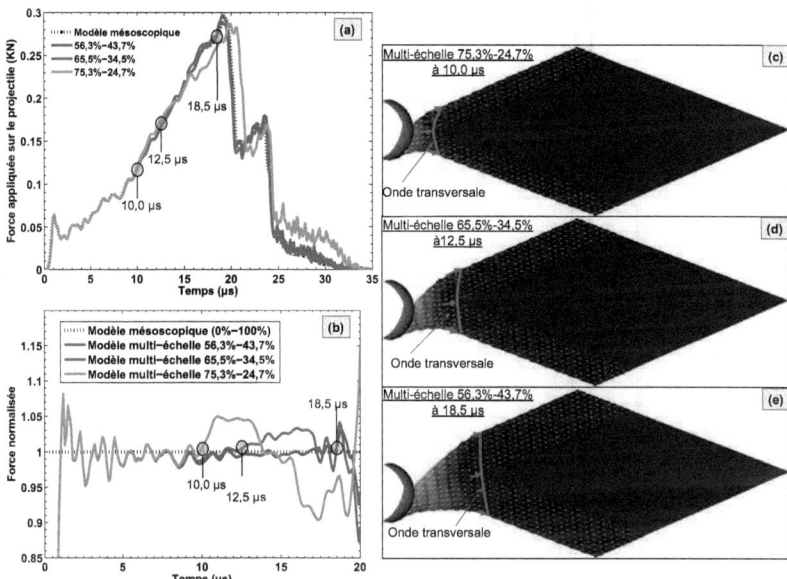

Figure 2.35 – (a) La force appliquée sur le projectile en fonction du temps dans le cas de vitesse d'impact de 245 m/s; (b) Les courbes de force normalisées; (c-e) Les configurations des modèles multi-échelles dans les moments spécifiques

de déformation transversale traverse prématurément cette zone pour atteindre la zone macroscopique (Figs. 2.34c et 2.35c). Cette séparation a lieu avec le modèle de 65,5% - 34,5% à 72 µs pour le cas de 60 m/s (Fig. 2.34d), et à 12,5 µs pour le cas de 245 m/s (2.35d). Enfin, le même phénomène se produit pour le modèle de 56,3% - 43,7% à 86 µs pour le cas de 60 m/s (Fig. 2.34e), et à 18,5 µs pour le cas de 245 m/s (Fig. 2.35c). Dans les courbes de la vitesse du projectile (Figs. 2.30 et 2.31), les séparations consécutives des courbes multi-échelles de celle mésoscopique sont très difficiles à observer. On en déduit que la force imposée sur le projectile est plus sensible avec l'effet de la zone macroscopique par rapport à la vitesse du projectile. Avec les courbes de force, on peut déterminer les instants précis où les courbes multi-échelles se distinguent de celle mésoscopique. Les figures 2.34a et 2.35a montrent que suite à la séparation de la courbe du modèle mésoscopique, la tangente des courbes multi-échelles est tout à coup plus élevée que celle mésoscopique et ensuite, elle est presque constante.

Cette remarque est confirmée par les courbes normalisées (Figs. 2.34b et 2.35b) qui sont obtenues en prenant les rapports entre les valeurs des forces des modèles multi-échelles et celles du modèle mésoscopique.

Il est à noter que la tangente des courbes mésoscopiques continue à augmenter lentement. Par conséquent, à la fin de l'impact, la tangente de ces courbes devient plus élevée que celles multi-échelles. À l'exception du modèle 56,3% - 43,7%, ce mécanisme permet des valeurs de force du modèle mésoscopique supérieures à celles des modèles multi-échelles à cette époque (Figs. 2.34a, 2.34b, 2.35a et 2.35b)). Ainsi,

l'effet de la zone macroscopique peut être divisé en deux phases :
- Dans la première phase, il augmente la résistance du tissu, car le processus "de-crimping" dans la zone macroscopique n'existe pas.
- En revanche, dans la deuxième phase, elle diminue la résistance du tissu, car à cet instant, l'ondulation des fils disparaît complètement et ces fils sont tendus.

2.3.7 Synthèse

Cette partie a permis de vérifier l'intérêt de la modélisation multi-échelle dans le cas de l'étude d'un impact balistique sur un tissu 2D. La combinaison d'une modélisation méso-macro, dépend du rapport de l'aire de la surface modélisé au niveau méso et au niveau macro, r_a. La continuité de l'interface méso-macro a été vérifiée par un choix judicieux paramétrique. Une analyse des résultats a été effectuée en termes de : vitesse du projectile, énergies d'impact, force d'impact et mécanismes d'endommagement des tissus.

En général, on note que la réponse d'un modèle multi-échelle dépend de la vitesse initiale d'impact. Ainsi, pour un impact spécifique, on doit choisir un rapport raisonnable entre les aires macroscopique et mésoscopique pour éviter un temps de calcul important. Par exemple, le modèle de 65,5% - 34,5% peut être considérée comme une solution optimale pour les deux cas d'impact : 60 m/s et 245 m/s.

2.4 Partie IV : Modélisation par la méthode d'éléments finis des tissus 3D

2.4.1 Outil numérique pour la géométrie du tissu 3D

Les études numériques pour la conception des structures tissées 3D restent encore modestes. La complexité d'une telle structure 3D peut expliquer cette limitation. Par conséquent, il n'existe pas encore un logiciel qui permet de représenter correctement la géométrie de tous les types de tissus 3D interlock. En fait, beaucoup de travaux et de programmes numériques associés sont également proposés [She07]. TexGen et WiseTex sont les logiciels les plus connus.

Le logiciel TexGen suppose que la section des fils a une forme constante : circulaire, elliptique, lenticulaire, etc. Ainsi, le trajet des fils est défini par une interpolation d'une série de points de mesure en analysant des images micrographiques. La géométrie d'un tissu peut être construite par deux façons :
- Dans la première, on peut utiliser une interface graphique pour modéliser la géométrie, en introduisant dans le modèle les paramètres tels que : le nombre de fils de chaîne, le nombre des fils de trame, l'épaisseur du tissu, les dimensions de la section des fils et la distance entre les fils. Parfois, même avec les paramètres d'entrées mesurés expérimentalement, le problème d'interpénétration entre les fils demeure (Fig. 2.36).

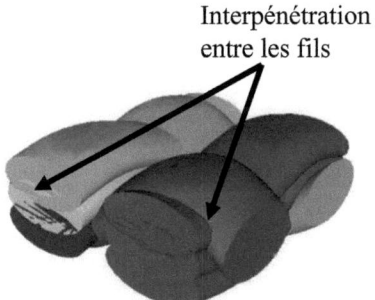

Figure 2.36 *– Un modèle géométrique d'un tissu 3D orthogonal de trois couches sur TexGen*

- Dans la deuxième, les algorithmes peuvent être modifiés pour corriger des erreurs telles que l'interpénétration entre les fils. Ce logiciel est toujours en cours du développement et il est essentiellement utilisé pour représenter la géométrie des tissus. L'application de ce logiciel pour les calculs par éléments finis n'est pas encore vérifiée.

Quant à WiseTex, c'est un logiciel pour modéliser la géométrie des tissus 2D, 3D, des UD et des tresses 2D [SOK01, HB05, LVR05b, VL05, She07]. De même façon que le logiciel TexGen, la section des fils est supposée constante le long des fils et possède une forme spécifique avec les dimensions caractéristiques (hauteur et largeur, etc.). Plusieurs paramètres d'entrée sont nécessaires : l'architecture de la structure, la densité des fils de chaîne et de trame, les caractéristiques des fils (la géométrie, les propriétés mécaniques en traction, flexion et compression, etc.). L'état stable d'un tissu est considéré comme équilibré par conséquent, l'énergie interne d'un tissu est au point minimum. Par conséquent, le trajet des fils est déterminé par les conditions de contact entre les fils tout en minimisant l'énergie interne. Selon cette approche, le logiciel WiseTex peut créer des modèles géométriques corrects sans interpénétration entre les fils, mais ce problème reste souvent incontournable (Fig. 2.37).

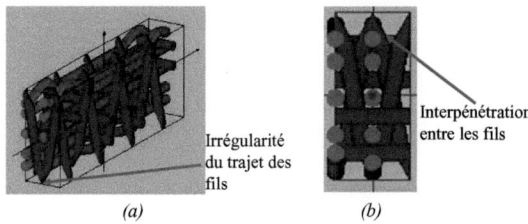

Figure 2.37 – *Un modèle géométrique d'un tissu 3D orthogonal de cinq couches sur WiseTex : (a) Une vue 3D, (b) Une vue latérale*

En général, l'utilisation de ce type de logiciels actuels est confrontée à certaines limites, entre autres :
– Applicable seulement pour quelques types de tissu.
– Impossibilité de corriger les erreurs immédiatement sur l'interface graphique.
– L'interpénétration entre les fils d'un tissu dans les modèles géométriques.
– L'incompatibilité entre ces logiciels avec les codes d'éléments finis.
Ainsi, nous avons développé notre propre interface afin de réaliser nos architectures 3D de tissus en tenant compte des problèmes soulevés.

2.4.1.1 Concepts de l'outil

Cet outil repose sur deux hypothèses : les fils de trame sont toujours droits dans les armures des tissus et la section transversale a une forme constante le long du fil (Figs. 2.38, 2.39, 2.40).

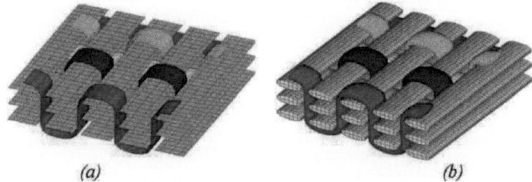

Figure 2.38 – *Tissu 3D orthogonal de 3 couches modélisé avec : (a) Des éléments coque ; (b) Des éléments solides*

Les paramètres nécessaires pour l'utilisation de cet outil sont :
– L'architecture 3D de la structure
– La densité des fils dans les deux directions chaîne et trame
– Le nombre de couches
– La forme et les dimensions de la section du fil.

Figure 2.39 – Tissu 3D angle-dans l'épaisseur de 5 couches modélisé avec des éléments coque

Figure 2.40 – Tissu 3D angle-dans l'épaisseur de 5 couches modélisé avec des éléments solides

Dans cet outil, plusieurs formes de sections différentes sont disponibles : elliptiques, circulaires, lenticulaires, etc. A partir de ces paramètres d'entrées, on peut calculer les coordonnées des fils aux points spéciaux (points d'entrecroisement) pour assurer les contacts. La trajectoire des fils est interpolée à partir de ces points. Les trajets des fils sont donc régulièrement lisses. L'interpénétration au contact entre les fils n'existe plus (Figs. 2.38, 2.39, 2.40). Grâce à cet outil, les fils sont créés dans un modèle géométrique où la taille du tissu est arbitrairement sélectionnée. Le modèle d'architecture d'un tissu est périodique, ce qui permet de définir un élément représentatif de la structure tissée.

Après la modélisation géométrique du tissu, chaque fil est discrétisé en éléments coques ou solides dont la taille peut être sélectionnée. Les éléments sont créés et organisés en groupes ou composantes différentes correspondant au type de fil, aux caractéristiques des éléments et aux matériaux. Ces composants sont nommés et numérotés (Fig. 2.41). Cet avantage permet de contrôler facilement les modèles pour imposer des charges et des contacts au niveau des fils dans les logiciels de calculs par éléments finis. En particulier, les éléments sont créés de telle sorte que les axes locaux des éléments soient orientés le long de la ligne centrale des fils (Fig. 2.42). Cela favorise la définition d'une loi de comportement du matériau sur les éléments d'un fil, car les propriétés du matériau du fil sont constantes sur toute la longueur du fil.

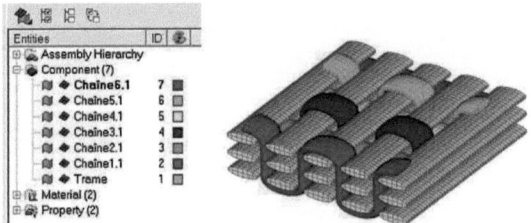

Figure 2.41 – *Organisation des fils et des éléments dans les groupes avec le nouvel outil*

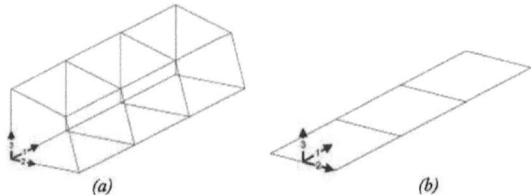

Figure 2.42 – *(a) Les directions des axes locaux d'un élément solide du fil ; (b) Les directions des axes locaux d'un élément de coque dans un fil*

2.4.2 Modèle mésoscopique pour les tissus 3D

La figure 2.43 présente la configuration initiale du système d'impact dans le cas du tissu 3D avec 3 couches. Les calculs sont effectués en considérant une modélisation mésoscopique et en utilisant des éléments coques pour simplifier la configuration 3D afin d'éviter une taille de calculs importante. La section transversale des fils est

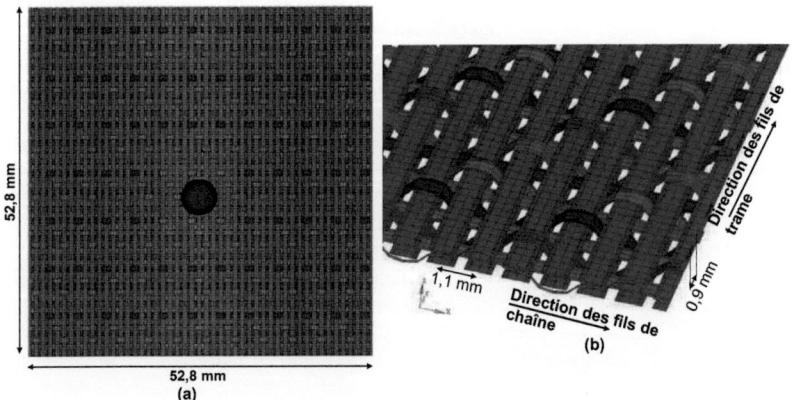

Figure 2.43 – *(a) Configuration initiale du système d'impact balistique sur un tissu 3D d'interlock couche par couche - dans l'épaisseur de 3 couches ; (b) Illustration détaillée du modèle mésoscopique du tissu 3D d'interlock couche par couche - dans l'épaisseur de 3 couches*

supposée elliptique et constante le long des fils. Quatre éléments coques sont utilisés pour modéliser cette section. L'armure de tissage est angle - dans l'épaisseur avec les fils de chaîne de renfort droits. La taille du tissu de $52, 8 \times 52, 8\ mm$ est encastrée sur les quatre côtés. Le matériau est un aramide haute ténacité de type Kevlar KM2®, également utilisé dans les structures tissées 2D. Dans le plan du tissu, la distance entre les fils de chaîne est de 1,1 mm et 0,9 mm entre les fils de trame (Fig. 2.43b).

Tous les fils de trame sont supposés droits, alors que, la moitié des fils de chaîne ont une forte ondulation dans l'épaisseur pour consolider la structure de ce tissu. Ces fils de liage contribuent également à améliorer les propriétés mécaniques transversales du tissu 3D par rapport à celle de 2D. La différence sur le niveau d'ondulation entre les fils de trame et de chaîne mène à un comportement d'impact spécifique de ce tissu 3D.

Le projectile a une forme sphérique avec un diamètre de 5,43 mm et une masse de $6,31 \times 10^{-4}\ kg$. Il est supposé que le point de contact entre le tissu et le projectile est le point d'entrecroisement entre un fil de chaîne et un fil de trame situés au centre du tissu. L'armure de ce tissu n'a pas de symétrie, donc, le calcul ne peut pas être réduit à un quart du modèle. Avec l'armure de trois couches, la déformation du projectile après impact est négligeable, donc, ce projectile sphérique est supposé infiniment rigide dans ce cas.

2.4.3 Résultats et discussions

Deux vitesses d'impact de 90 m/s et 900 m/s sont appliquées pour étudier les mécanismes d'endommagement du tissu 3D correspondant aux deux configurations : non perforation et perforation.

En général, le tissu a une grande déformation globale en forme de pyramide. En effet, lorsque le projectile pénètre dans la cible, les ondes de déformation se propagent vers les bords du tissu. En outre, si les fils ne sont pas cassés, la propagation et les réflexions des ondes existent toujours pendant l'impact. Il est à noter que la déformation en forme de pyramide de ce tissu n'est pas équivalente entre les deux directions de chaîne et de trame. La dimension de cette pyramide dans la direction des fils de trame est plus grande que dans le sens chaîne. Ceci peut être expliqué par la différence sur l'ondulation entre les deux directions. L'ondulation des fils dans la direction des fils de trame est plus faible que dans le sens chaîne (Fig. 2.43b). Ainsi, le trajet de la propagation des ondes de déformation dans la direction des fils de trame est plus court que la chaîne.

2.4.3.1 Impact sans perforation

Les figures 2.44a, 2.44b montrent l'adéquation entre le modèle numérique et le résultat expérimental dans le cas de non-perforation en termes de la pyramide de déformation à 58,5 μs. La figure 2.44c détaille les déformations locales de tissu au point d'impact. A la vitesse d'impact de 90 m/s, la rupture des fils n'apparaît pas dans cette zone. Les dommages du tissu se caractérisent par les mouvements latéraux des fils individuellement au contact de la surface du projectile (Fig. 2.44c). On peut noter que le tissu a une grande déformation globale dans le cas de la non-perforation (Figs. 2.44a, 2.44b), mais les endommagements sont apparents seulement dans la zone de contact entre le tissu et le projectile.

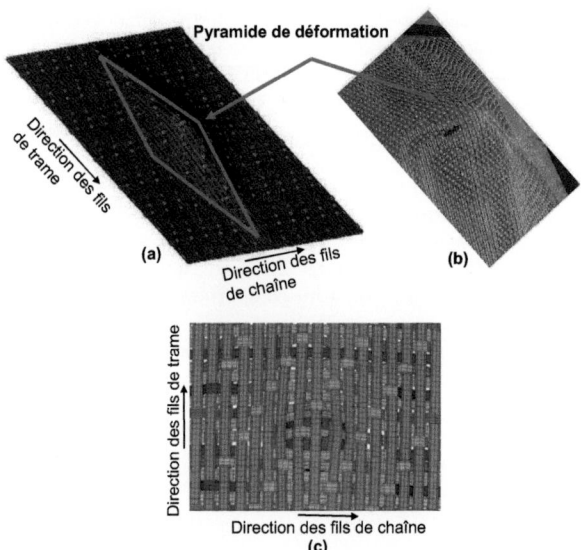

Figure 2.44 – (a) Configuration du tissu 3D d'interlock angle - dans l'épaisseur de 3 couches à 58,5 µs dans le cas d'impact 90 m/s ; (b) Résultat expérimental d'un tissu 3D similaire [BFJM10] ; (c) Configuration au point d'impact dans la figure (a)

La figure 2.45 montre l'évolution des dimensions de la pyramide de déformation dans des directions de chaîne et de trame au cours du processus d'impact à 90 m/s. Avec une telle vitesse d'impact, la pyramide apparaît seulement après 10 µs.

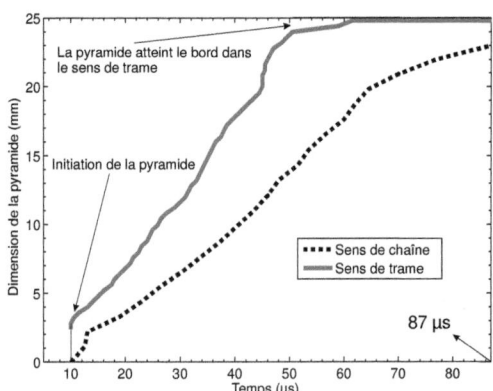

Figure 2.45 – Evolution de la déformation globale du tissu dans le cas d'impact à 90 m/s

Juste après l'apparition, la pyramide s'étend fortement et ensuite, conserve une haute vitesse d'expansion jusqu'au bord située à une distance de 25 mm dans le sens de la trame. Toutefois, dans la direction chaîne, la vitesse de propagation de l'onde transversale est plus lente et ne peut pas atteindre le bord. Ainsi, cette figure confirme à nouveau le développement davantage de la pyramide de déformation dans le sens trame par rapport au sens de chaîne.

2.4.3.2 Impact avec perforation

Les figure 2.46a montre l'état d'un tissu 3D dans le cas de la vitesse d'impact de 900 m/s fourni par les calculs numériques. Cette configuration correspond à un impact provoquant une perforation du tissu dont les détails de rupture des fils sont illustrés par la figure 2.46b. La figure 2.46c montre une photo du tissu perforé lors de l'essai dynamique à une vitesse de 900 m/s. La figure 2.47 donne l'évolution de

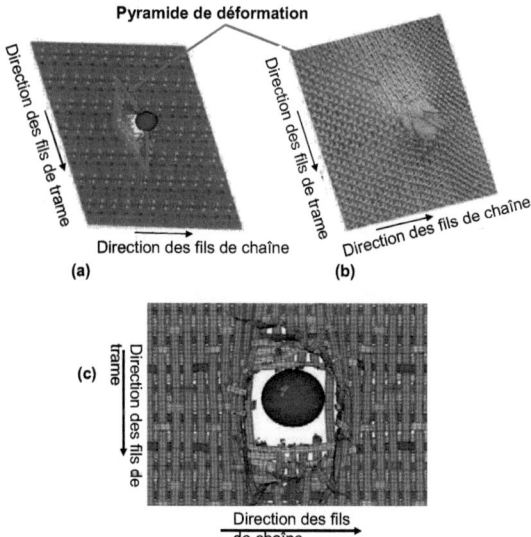

Figure 2.46 – *(a) Configuration du tissu 3D d'interlock angle - dans l'épaisseur de 3 couches après la perforation dans le cas d'impact 900 m/s ; (b) Résultat expérimental d'un tissu 3D similaire [BFJM10] ; (c) Configuration au point d'impact dans la figure (a)*

développement de la pyramide de déformation selon les deux directions des fils : chaîne et trame. Il est à noter que dans le cas de perforation du tissu, l'étendue de cette pyramide est plus petite par rapport à celle observée dans le cas de non-perforation (voir Fig. 2.45, cas de la vitesse d'impact 90 m/s). On note aussi que dès l'instant t = 1 μs, cette pyramide commence à se développer. La figure 2.47 indique que la pyramide est également plus élargie dans le sens trame que dans le sens chaîne, mais dans une proportion plus faible par rapport au cas d'impact sans perforation.

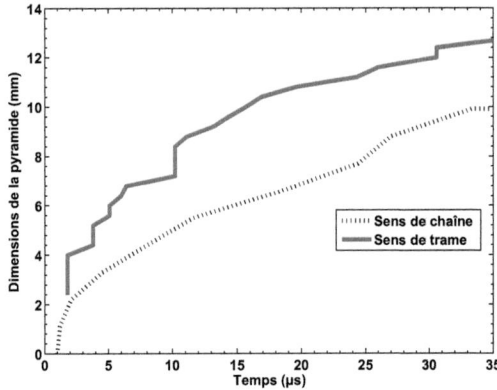

Figure 2.47 – *Evolution de la déformation globale du tissu dans le cas d'impact de 900 m/s*

2.4.4 Effet des conditions aux limites

Dans cette section, il est question de vérifier l'influence du mode des fixations des bords du tissu 3D sur sa tenue à l'impact. Pour cela, 2 configurations sont considérées :
– Seuls les fils de chaîne sont fixés aux 2 bords
– Seuls les fils de trame sont fixés aux 2 bords
Une vitesse d'impact de 200 m/s est choisie pour deux raisons :
– Le temps d'impact sont suffisant afin d'étudier l'effet des bords.
– La rupture des fils au point d'impact est importante pour mettre en évidence l'effet des bords.

Les figures 2.48, 2.49 présentent les configurations du tissu 3D d'interlock d'angle - dans l'épaisseur à 49,8 μs pour un impact de 200 m/s dans ces deux cas.

Ces figures montrent que pour les deux choix de fixation, le tissu comporte deux phases d'endommagement principales :
– Phase de déformation en forme une pyramide autour du point d'impact
– Phase de perturbation des fils aux bords libres

Concernant la phase de la pyramide de déformation, nous constatons que la pyramide a toujours une plus grande dimension dans la direction où les fils sont fixés (Figs. 2.48 et 2.49). En effet, la figure 2.50a montre l'évolution de la taille de la pyramide dans le sens chaîne dans les deux cas de conditions limites. Entre 5 et 11 μs, les deux courbes sont identiques. A partir de cet instant, la déformation transversale du tissu est fortement développée dans le cas des fils de chaîne fixés. En revanche, dans le cas des fils de chaîne libres, la dimension de pyramide dans ce sens n'atteint que 9 mm après 46 μs (par rapport à 16 mm pour le cas inverse) et après cette période, elle n'augmente plus (Fig. 2.50a). En fait, lorsque les fils de chaîne sont libres, ils peuvent être facilement retirés hors du tissu par le projectile. Ce mécanisme freine considérablement le développement de la déformation pyramide dans le sens chaîne. On peut observer ce phénomène pour la situation identique des fils

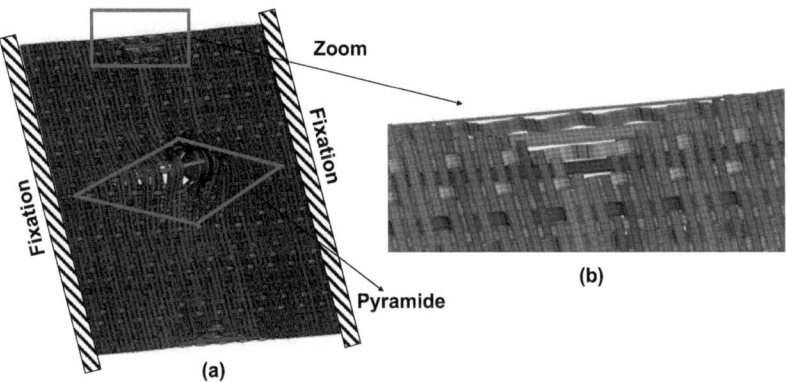

Figure 2.48 – *Configuration du tissu 3D d'interlock d'angle - dans l'épaisseur soumis à l'impact de 200 m/s à 49,8 μs dans le cas où seuls les fils de chaîne sont fixés : (a) Vue globale ; (b) Dommages aux bords libres*

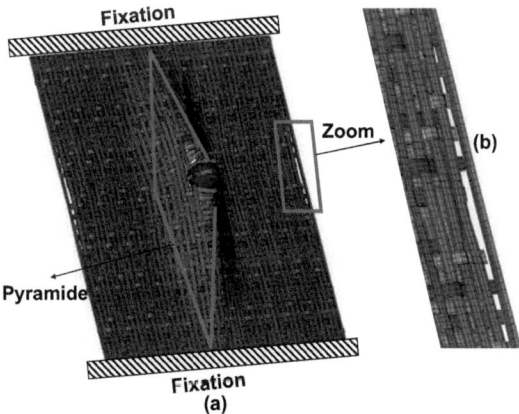

Figure 2.49 – *Configuration du tissu 3D d'interlock d'angle - dans l'épaisseur soumis à l'impact de 200 m/s à 49,8 μs dans le cas où seuls les fils de trame sont fixés : (a) Vue globale ; (b) Dommages aux bords libres*

de trame. (Fig. 2.50b). En effet, quand les fils de trame sont libres, la propagation de la pyramide dans ce sens est considérablement plus lente que le cas inverse, elle n'atteint que 8 mm à l'instant 49 μs (par rapport à 25 mm pour le cas inverse). En comparant les courbes des figures 2.50a et 2.50b, on peut noter que la pyramide se propage plus rapidement sur les fils fixés que sur les fils libres. Ainsi, on peut remarquer que l'effet des conditions aux limites sur la propagation des ondes transversales dans ce cas est plus important que l'ondulation des fils sur le comportement global de ce tissu 3D.

La figure 2.51 illustre l'évolution de la vitesse du projectile en fonction du temps dans les deux cas de fixation. La différence sur les mécanismes de la déformation

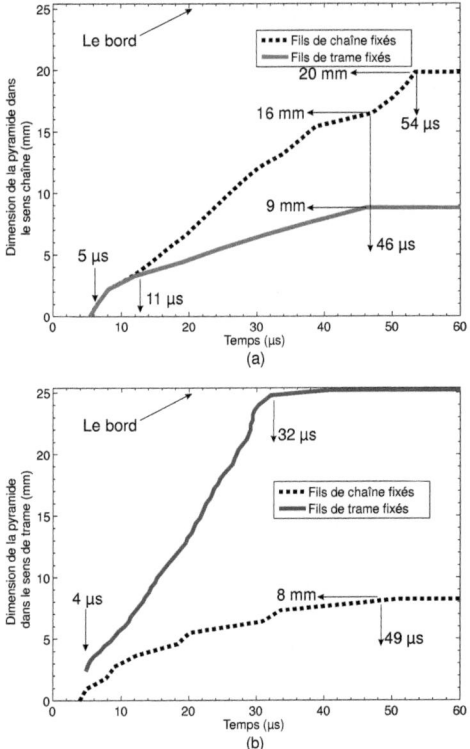

Figure 2.50 – Evolution de la dimension de la pyramide pour l'impact à 200 m/s avec deux conditions aux limites différentes : (a) dans le sens chaîne ; (b) dans le sens trame

globale due à l'impact entre les deux cas des conditions aux limites trouve son explication aussi au niveau des évolutions de la vitesse du projectile en fonction du temps. La vitesse du projectile diminue plus fortement avec les fils de trame fixés. On note que la vitesse résiduelle est de 169 m/s dans le cas des fils de chaîne fixés et de 149 m/s dans le cas des fils de trame fixés. En effet, la densité des fils de trame est plus compacte que les fils de chaîne. Lorsque les fils de trame sont fixés, la déformation sous la forme d'une pyramide s'étend essentiellement sur ces fils. Par conséquent, la quantité de matériau des fils déformés pour absorber l'énergie d'impact est plus importante que dans le cas des fils de chaîne fixés.

Les figures 2.52a, 2.52b relèvent également que les énergies de contact et les énergies de déformation des fils de ce tissu 3D sont plus élevées lorsque les fils de trame sont fixés. Cela confirme aussi que le développement de la pyramide de déformation du tissu dans le sens de trame entraîne plus de fils contribuant à arrêter le projectile en comparaison avec celui dans le sens chaîne.

2 Modélisation numérique de la dynamique rapide des tissus   91

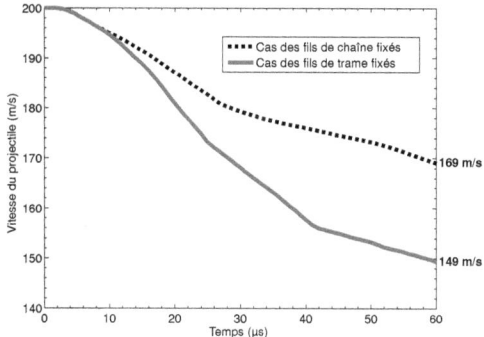

Figure 2.51 – Evolution de la vitesse du projectile dans le cas d'impact 200 m/s avec deux conditions aux limites différentes

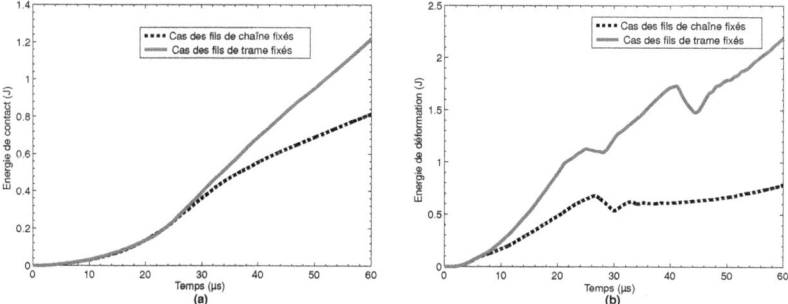

Figure 2.52 – Evolution des énergies dans le cas d'impact 200 m/s avec deux conditions aux limites différentes : (a) énergies de déformation; (b) énergies des contacts

La figure 2.53 montre l'évolution de la force de réaction sur le projectile en fonction du temps dans les deux cas des conditions aux limites. À partir du moment d'impact de 0 μs à 8,5 μs environ, les deux courbes sont similaires. Les fils ne sont pas encore tendus, seule une certaine masse du tissu à la zone d'impact contribue à réagir au projectile. Par conséquent, il n'y a pas de différence sur la force de réaction entre deux cas de fixation. Cependant, à partir de $9\mu s$ à $18, 5\mu s$, cette force augmente considérablement dans le cas des fils de trame fixés, alors qu'elle varie légèrement dans le cas des fils de chaîne fixés. En fait, à cet instant, les fils de trame fixés sont soumis à une certaine tension qui crée une force de réaction importante sur le projectile. Cette tension augmente de plus en plus lorsque le projectile pénètre dans le tissu. Il est à noter que, contrairement aux fils de trame (sans ondulation), l'ondulation des fils de chaîne est importante. Donc, ces fils ne peuvent pas être tendus immédiatement après l'impact du projectile même s'ils sont fixés aux deux bords. Cela signifie que les fils de chaîne ont toujours un processus "de-crimping" avant la période de tension. En outre, comme mentionné dans les paragraphes ci-

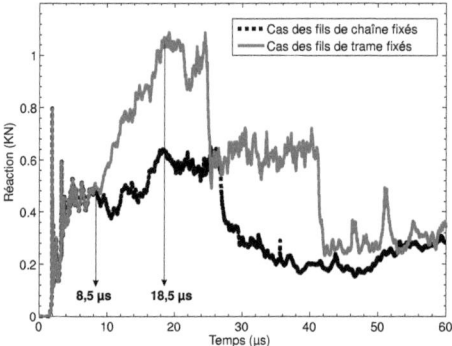

Figure 2.53 – *Evolution de la force de réaction imposée sur le projectile dans le cas d'impact 200 m/s avec deux conditions aux limites différentes*

dessus, la densité des fils de trame est considérablement plus importante que les fils de chaîne. C'est une autre raison importante pour expliquer pourquoi la force de réaction dans le cas des fils de trame fixés est toujours aussi élevée que dans le cas de fixation des fils de chaîne.

2.4.5 Effet des frottements

Dans cette section, nous nous intéressons à mettre en évidence l'importance des frottements dans la performance balistique des tissus 3D. De ce fait, un tissu choisit est composé d'une armure complexe avec un nombre de contacts entre les fils important. Pour un tel tissu, dans le but de diminuer le temps de calcul, nous étudions un cas simple suivant :
– Une vitesse d'impact élevée : 900 m/s
– Une taille du tissu faible : 30 $mm \times 30\ mm$

Afin d'étudier uniquement les effets dûs aux frottements, les calculs sont effectués sans imposer un critère de rupture.

2.4.5.1 Conditions de calcul

Dans cette section, le matériau utilisé est un tissu 3D orthogonal composé de cinq couches de Kevlar KM2®. La densité des fils dans le plan de tissu est de 14 fils/cm pour les deux sens chaîne et trame, ce qui équivaut à une distance de 0,75 mm entre les fils (Fig. 2.54).

Ce tissu 3D est fixé aux quatre bords et le projectile, a un diamètre de 6,5 mm et une masse de $1,12 \times 10^{-3}\ kg$ impacte dans le sens perpendiculaire au plan de tissu. Ce projectile est plus grand que celui utilisé dans les sections précédentes pour obtenir une zone de contact projectile/tissu importante. Il est supposé que le point de contact entre le tissu et le projectile est le point d'entrecroisement entre un fil de chaîne et un fil de trame situé au centre du tissu.

Dans ce cas, le tissu 3D est de 5 couches, mais, le diamètre du projectile est augmenté par rapport aux études sur le tissu 2D. Donc, la déformation du pro-

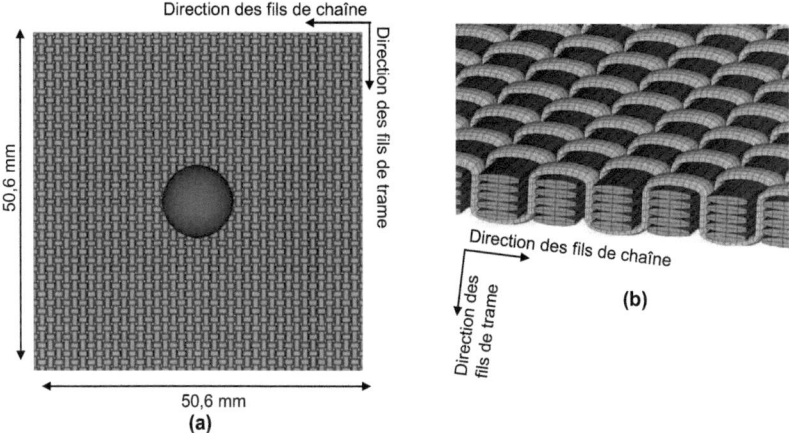

Figure 2.54 – (a) Configuration initiale de l'impact balistique sur le tissu 3D orthogonal de cinq couches ; (b) Illustration détaillée du tissu 3D orthogonal de cinq couches

jectile après l'impact est négligeable, de ce fait, le projectile sphérique est supposé infiniment rigide.

Les frottements : fils/fils et fils/projectile sont prises en compte par un coefficient de frottement du type Coulomb unique égal à 0,5. Dans cette section, quatre cas sont étudiés :
- (1) Friction imposée aux deux contacts : fils/fils et fils/projectile, notée f_1.
- (2) Friction imposée seulement au contact entre les fils, notée f_2.
- (3) Friction imposée seulement au contact entre le projectile et les fils, notée f_3.
- (4) Sans friction, notée f_4.

Puisqu'en utilisant un modèle mésoscopique, ce tissu 3D garde toujours une symétrie, donc, un quart du modèle est calculé afin de réduire les temps de calcul (Fig. 2.55). en utilisant un modèle mésoscopique. Quatre éléments coques avec des

Figure 2.55 – Un quart du modèle de calcul

épaisseurs différents sont utilisés pour décrire la section elliptique du fil. Cette section vise essentiellement à clarifier les effets de frottement des deux contacts : fils/fils et projectile/tissu.

2.4.5.2 Résultats et discussions
Comportement à l'impact global du tissu 3D orthogonal

La figure 2.56 montre le comportement d'un impact global du tissu 3D interlock orthogonal à des instants différents dans le cas où la friction est imposée pour les deux contacts : fils/fils et projectile/tissu. La phase entre 0 et 2 μs, le projec-

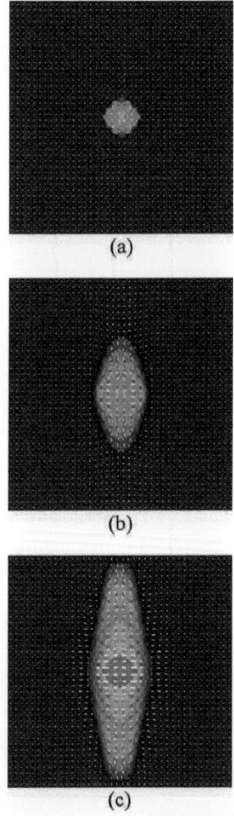

Figure 2.56 – *Comportement à l'impact du tissu 3D orthogonal à des moments différents : (a)* 2 μs *; (b)* 6,0 μs *; (c)* 10,0 μs

tile commence à pénétrer dans le tissu. Il est à noter que la vitesse de l'onde de déformation longitudinale est plus rapide que l'onde transversale. Par conséquent, durant cette période, l'onde de déformation transversale reste encore dans la zone de contact entre le projectile et le tissu. La taille de cette zone correspond bien à la partie du projectile déjà pénétré dans le tissu. Cela explique pourquoi la forme du front de l'onde transversale est toujours circulaire pendant ce temps (Fig. 2.56a).

Au delà de cette première phase, la forme du front d'onde transversale devient elliptique comme illustré par les figures 2.56b, 2.56c. La raison est que l'ondulation des fils de chaîne est grande due à la structure 3D orthogonale de ce tissu, tandis que tous les fils de trame sont modélisés droits. Par conséquent, durant cette phase, lorsque les fils de trame sont complètement tendus et l'onde de déformation transversale se développe rapidement sur eux, les fils de chaîne restent encore dans le processus "de-crimping". On peut constater que de 2 à 10 μs (Fig. 2.56b, 2.56c), l'extension de l'onde transversale dans le sens de chaîne n'est pas significative. En revanche, à 10 μs, l'onde transversale dans le sens de trame s'étend jusqu'au bord du tissu pour s'y refléter (Fig. 2.56c). Ce phénomène crée une zone elliptique endommagée sur le tissu. Pendant l'impact, cette ellipse est élargie essentiellement dans le sens de trame où l'ondulation des fils est faible. Toutefois, cette zone est limitée dans le sens chaîne. Par conséquent, le tissu ne peut pas être endommagé sur une grande zone à l'extérieur de l'ellipse même si la largeur de cette ellipse atteint le bord du tissu (à 10 μs, Fig. 2.56c). En fait, cette étude indique que la structure 3D d'interlock orthogonal permet au tissu de diminuer la zone endommagée grâce aux fils de chaîne de liaison à travers l'épaisseur.

Effets des frottements sur le comportement d'impact du tissu 3D orthogonal :

La figure 2.57 montre les évolutions de la vitesse du projectile et la force imposée sur le projectile (force de réaction) en fonction du temps pour les 4 configurations étudiées (f_1, f_2, f_3 et f_4). Cette figure met en évidence l'existante de quatre phases principales :

- **Phase 1** : De 0 à 2 μs environ, toutes les courbes sont identiques. Il est à noter que dans cette phase, l'onde de déformation transversale reste encore autour de la zone circulaire du tissu en contact avec le projectile et le mouvement latéral des fils n'est pas significatif. Par conséquent, le rôle du frottement reste très faible. Dans ce cas, le mouvement libre du projectile est interrompu soudainement par le tissu 3D. Par conséquent, la force augmente fortement (Fig. 2.57b). Cela conduit à la décélération du projectile pour tous les cas de frottement étudiés durant cette phase.

- **Phase 2** : A partir de 2μs, des différences significatives entre les différents cas apparaissent ce qui laisse supposer l'influence du frottement (Fig. 2.57). De 2 μs à 4,3 μs, la force varie, mais pas considérablement pour les quatre cas (Fig. 2.57a). Donc, la décélération du projectile semble inchangée. A cause de la pénétration du projectile, les fils réagissent pour combler les vides de plusieurs façons possibles : glissement latéral sur la surface du projectile, "de-crimping", compression les uns sur les autres.
Par conséquent, la tension des fils n'augmente pas de manière significative, et la force de réaction imposée sur le projectile provient essentiellement des frottements projectile/fils et fils/fils dans une zone étroite autour du projectile. Donc, nous observons sur les figures 2.57a et 2.57b que la force et la décélération du cas f_1 sont toujours plus importantes par rapport aux autres. Par contre, dans le cas f_4 ces grandeurs sont plus faibles.
D'autre part, les figures 2.57a et b indiquent que la décélération du projectile dans le cas f_3 est un peu plus élevée que f_2, et ainsi que la réaction du cas f_3.

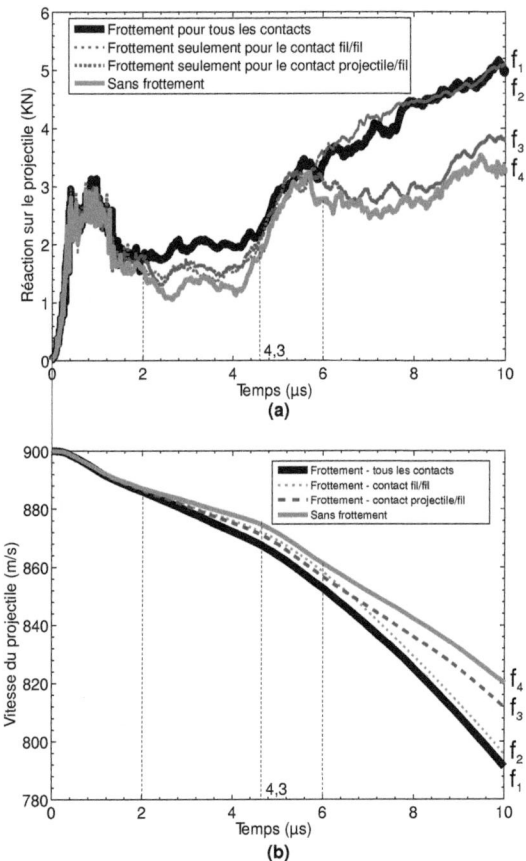

Figure 2.57 – Evolution en fonction du temps de : (a) la force imposée sur le projectile ; (b) la vitesse du projectile

Cela signifie que l'effet de frottement du contact fils/projectile est légèrement plus important que la friction entre les fils. Cela révèle que le glissement des fils sur la surface du projectile est le mécanisme principal qui s'oppose à la pénétration pendant ce temps. Toutefois, la différence entre deux courbes f_2 et f_3 est faible. Ce phénomène peut être expliqué par la taille faible de la zone de contact sous la tête du projectile.

- **Phase 3** : Entre $4,3$ μs et 6 μs, on constate que la force augmente de manière similaire pour les quatres cas (Fig. 2.57a). Cette période correspond au moment où les vides du tissu situées dans la zone de contact avec le projectile sont éliminés par l'interaction entre les fils et le projectile. Les fils commencent à être tendu et la réaction sur le projectile augmentent. La zone de contact est similaire et la force semble augmenter en même temps, pour les quatre configurations.

- **Phase 4** : Entre 6 et 10 μs, les évolutions de la force sont similaires entre f_1 et f_2 d'une part et entre f_3 et f_4 d'autre part, clairement illustrées par la figure 2.57a. Cette figure montre que la force augmente rapidement pour f_1 et f_2, tandis que pour f_3 et f_4, on constate une légère évolution. Ce résultat indique quand la déformation du tissu est propagée considérablement, le rôle du frottement entre les fils est plus important que celui entre les fils et le projectile pour absorber l'énergie d'impact.

Les figures 2.58, 2.59, 2.60 et 2.61 montrent des images pour les 4 configurations de frottement à 10 μs pour mettre en évidence l'importance des frottements au niveau du comportement d'un tissu soumis à un impact.

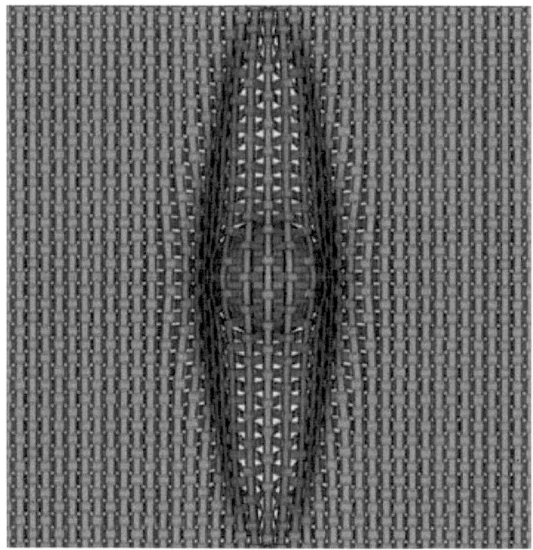

Figure 2.58 – *Configuration du tissu 3D orthogonal de 5 couches à 10 μs dans le cas où le frottement est imposé pour les deux contacts : fils/fils et projectile/tissus (f_1)*

En analysant les configurations f_1 et f_2, on constate que les frottements : fils/fils et projectile/tissu conduisent à une certaine stabilité structurelle du tissu dans la zone de contact avec le projectile. Par conséquent, elles contribuent à améliorer la résistance balistique du tissu pendant l'impact. Du fait du frottement entre les fils, le nombre des fils secondaires contribuant à la résistance de la structure impactée augmente considérablement dans cette phase. Donc, la réaction est élevée et la vitesse du projectile diminue fortement dans cette phase.

D'autre part, lorsque l'on compare trois figures 2.58, 2.59 et 2.60, l'état de la zone de contact de f_2 semble être identique à f_1. En revanche, dans le cas f_3, cette zone est endommagée. En effet, le frottement fils/fils ne présente pas

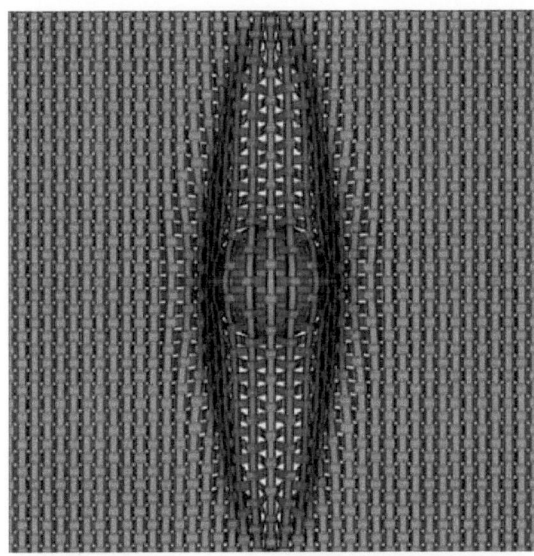

Figure 2.59 – *Configuration du tissu 3D orthogonal de 5 couches à 10μs dans le cas où le frottement est imposé uniquement pour le contact fils/fils (f_2)*

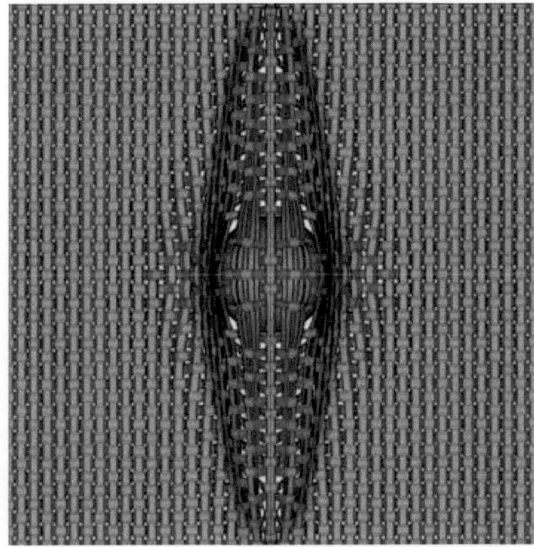

Figure 2.60 – *Configuration du tissu 3D orthogonal de 5 couches à 10μs dans le cas où le frottement est imposé uniquement pour le contact projectile/tissu (f_3)*

dans le cas f_3, les fils glissent l'un sur l'autre. Ainsi, la force du cas f_3 évolue

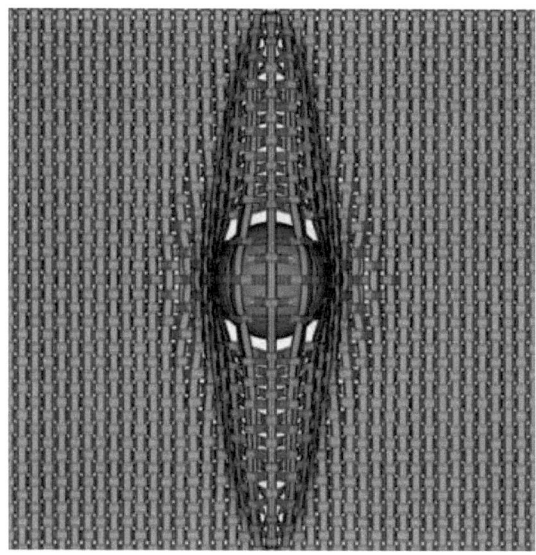

Figure 2.61 – *Configuration du tissu 3D orthogonal de 5 couches à $10\mu s$ dans le cas sans frottement (f_4)*

légèrement.

Les figures 2.60 et 2.61 montrent que les glissements entre les fils sont dominants autour du projectile pour les configurations f_3 et f_4. Ce qui peut expliquer les forces d'impact qui sont identiques et qu'augmentent légèrement durant la phase 4 illustrée dans la figure 2.57a. Il faut noter ici que la prise en compte du frottement projectile/tissu conserve relativement le nombre des fils qui agit sur le projectile pendant l'impact (Fig. 2.60). Par contre, dans la configuration f_4, le nombre de fils sur la surface du projectile est limité du fait de la non prise en compte ce frottement (Fig. 2.61).

2.4.5.3 Synthèse

Dans cette partie, on propose un outil numérique qui permet de modéliser la géométrie des types de tissus 3D. Un modèle mésoscopique est établi pour étudier le comportement d'impact des tissus 3D. Les résultats expérimentaux issus de la littérature sont utilisés pour valider ce modèle. Ce modèle permet d'étudier l'influence des conditions aux limites sur le comportement d'impact des tissus 3D. Les analyses numériques mettent en évidence l'importance des frottements fils/fils et projectile/fils pendant l'impact sur ces tissus.

2.5 Synthèse

Dans ce chapitre, les analyses numériques ont été scindés en deux parties : des études l'impact balistique sur les tissus 2D et sur les tissus 3D.

2.5.1 Impact sur les tissus 2D

Deux modèles numériques ont été proposés relatifs aux échelles macroscopiques et mésoscopiques pour analyser l'impact balistique sur un tissu 2D. Ces deux modèles utilisent des éléments coques pour décrire le tissu.

Dans le modèle mésoscopique, la section transversale du fil, en forme elliptique, est modélisée en variant l'épaisseur des éléments. L'effet du nombre des éléments dans une section transversale de fils est étudié en vérifiant deux cas : 4 et 8 éléments. Les résultats en termes d'évolution de la vitesse du projectile en fonction du temps sont approximativement les mêmes dans les deux cas. Cela représente un résultat important parce que le temps de calcul du modèle utilisant 8 éléments est toujours double à celui avec 4 éléments.

La comparaison entre les résultats des modèles numériques (macroscopique et mésoscopique) et les expériences issues dans la littérature démontre la capacité de la modélisation explicite pour l'étude d'impact balistique sur des tissus secs.

En considérant un tissu comme une plaque homogène, le modèle macroscopique ne peut pas décrire en détail les mécanismes d'endommagement du tissu pendant l'impact. Cependant, la construction d'un modèle macroscopique correct par des éléments coques est indispensable car elle permet d'étudier l'impact balistique pour les tissus d'armures complexes et de grande taille avec un gain énorme de temps de calcul.

Par d'ailleurs, deux modèles macroscopiques et mésoscopiques sont combinés dans un modèle multi-échelle pour assurer une prédiction mais avec un temps de calcul faible. Trois configurations des superficies méso/macro du modèle multi-échelle : $75, 3\% - 24, 7\%$, $65, 5\% - 34, 5\%$ et $56, 3\% - 43, 7\%$ sont présentées et comparées avec le modèle mésoscopique ($100\% - 0\%$), dans deux cas d'impact : non perforation et perforation.

L'influence de la zone macroscopique est la raison principale de la différence entre les modèles. En se basant sur l'analyse des aspects liés à l'impact, nous pouvons choisir un modèle multi-échelle de $65, 5\% - 34, 5\%$ comme le modèle pertinent qui a une précision acceptable et un temps de calcul correct dans les cas étudiés. Globalement, les analyses numériques ont indiqué que le rapport raisonnable de superficie méso/macro du modèle multi échelle dépend considérablement de la vitesse d'impact.

Ce chapitre a également mis en évidence l'importance des caractéristiques du fil dans le modèle numérique. Le module de cisaillement du fil influence considérablement le mode de rupture du fil ou bien du tissu soumis à l'impact. Les effets du coefficient de Poisson et du module transversal ne sont pas significatifs sur les résultats numériques des impacts pour un fil seul et pour un tissu. Cependant, une valeur faible du module d'élasticité transversal peut provoquer une rupture prématurée du fil pendant l'impact.

2.5.2 Impact sur les tissus 3D

Un outil numérique est proposé pour la représentation géométrique des tissus 3D à l'échelle mésoscopique. Par rapport aux logiciels existants, cet outil possède plusieurs avantages par la modélisation géométrique des tissus 3D. Cet outil permet également le maillage des modèles géométriques pour les calculs numériques.

Avec cet outil, les mécanismes d'endommagement d'un tissu interlock-d'angle-dans-l'épaisseur-de-deux-couches avec les fils de chaîne de renfort droits sont numériquement analysés et comparés avec les observations expérimentales. Un bon accord avec les résultats expérimentaux sur des phases d'endommagement principales de ce tissu a confirmé la validation du modèle numérique.

Le comportement à l'impact de ce tissu se caractérise par la formation d'une pyramide de déformation dont le sommet est le point d'impact. Les dimensions de cette pyramide dépendent de la vitesse d'impact, de l'ondulation des fils dans les deux directions de chaîne et de trame. Le délaminage est empêché grâce à la présence des fils de chaîne dans l'épaisseur de ce tissu.

Ce chapitre considère également l'effet des conditions aux limites sur les zones de rupture du tissu. Les conditions aux limites influencent significativement les mécanismes d'endommagement et la performance balistique du tissu 3D. Les bords libres du tissu sont endommagés par le phénomène de la forte vibration des fils.

Les effets des frottements sur les performances balistiques d'un tissu interlock 3D orthogonal à cinq couches de chaîne sont également étudiés. Les mécanismes à l'impact de ce tissu 3D sont clarifiés.

Ce chapitre indique que la performance balistique de ce tissu augmente et que les dommages causés par l'impact diminuent avec la prise en compte des frottements : fils/fils et fils/projectile.

L'étude a également démontré que le frottement projectile/fils peut limiter le glissement des fils hors de la surface de projectile, autrement dit, il stabilise le nombre de fils qui stoppe le projectile pendant l'impact.

Chapitre 3

Confrontation expérience/simulation

> Ce chapitre présente les procédures : des essais de traction dynamique sur les fils et d'impact balistique sur les tissus 3D. Les outils sont décrits : les caméras ultra-rapides, l'écran optique, le système de fixation etc. Les matériels pour les essais sont également abordés : tissus, fils, projectile, etc. Les résultats expérimentaux sont analysés et discutés. Une comparaison entre les modèles numériques avec les résultats expérimentaux sont également ment effectuée pour valider la modélisation proposée.

Sommaire

3.1 Partie I : Essais statique et dynamique sur les fils	103
3.1.1 Présentation de la procédure expérimentale	103
3.1.1.1 Traction statique	103
3.1.1.2 Traction dynamique	104
3.1.2 Résultats et discussions	107
3.1.2.1 Traction statique	107
3.1.2.2 Traction dynamique	108
3.2 Partie II : Essais balistiques sur les tissus 3D	112
3.2.1 Procédure expérimentale	112
3.2.2 Résultats et discussions	113
3.2.2.1 Impact sans perforation	113
3.2.2.2 Impact avec perforation	117
3.3 Partie III : Confrontation expérience/numérique	120
3.3.1 Modélisation géométrique du tissu	120
3.3.2 Maillage du modèle	121
3.3.3 Conditions de calcul	121
3.3.4 Résultats et discussions	123
3.3.4.1 Impact sans perforation	123
3.3.4.2 Impact avec perforation	128
3.4 Synthèse	134

L'objectif de ce chapitre est d'établir un système permettant la réalisation des essais mécaniques qui permet de valider le modèle numérique utilisé dans le chapitre 2. La présentation est organisée en deux parties :

Dans la première partie, les essais de traction sont effectués sur les fils seuls en états statique et dynamique. En fait, dans la littérature, les essais de traction statique sur les fils seuls sont souvent réalisés. De nombreux résultats des propriétés mécaniques des fils sont déjà publiés. Par contre, un système correct pour la traction dynamique rapide sur les fils n'est pas encore élaboré comme cela a été signalé dans le chapitre 1. Dans ce chapitre, d'une part, nous effectuons des essais de traction statique sur les fils. D'autre part, nous proposons une technique qui permet de déterminer les propriétés mécaniques du fil en dynamique rapide.

Dans la deuxième partie, nous présentons les tests balistiques sur les tissus 3D. En fait, de nombreuses difficultés sont rencontrées au cours des essais : l'instabilité des machines comme le canon ; la déformation du cadre de fixation ; etc. Le problème le plus important est le glissement du tissu dans le cadre. En fait, ce problème est souvent rencontré dans la littérature. Donc, dans cette partie, nous proposons un mode de fixation optimal pour résoudre ce problème.

Dans la troisième partie, nous élaborons une modélisation qui est validée par une comparaison avec les résultats expérimentaux des essais d'impact sur un tissu 3D.

3.1 Partie I : Essais statique et dynamique sur les fils

3.1.1 Présentation de la procédure expérimentale

3.1.1.1 Traction statique

La figure 3.1 illustre le système d'essai de traction statique sur les fils. Les tests statiques sont effectués à l'aide d'une machine Instron 8501. Un système de fixation spécifique est utilisé pour éviter le glissement des fils.

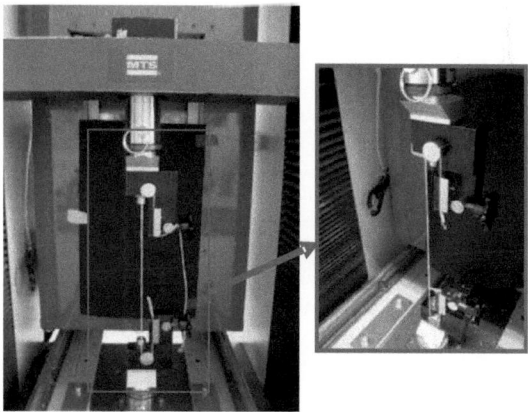

Figure 3.1 – *Système de la traction statique sur les fils*

A chaque côté, le fil est enroulé autour d'un cylindre et fixé dans un mors. Ce système assure que le fil ne casse pas aux deux côtés en raison de la concentration des contraintes. En plus, le glissement du fil est totalement exclu. La figure 3.2 montre un exemple des configurations finales de ce type de test. La partie du fil qui est

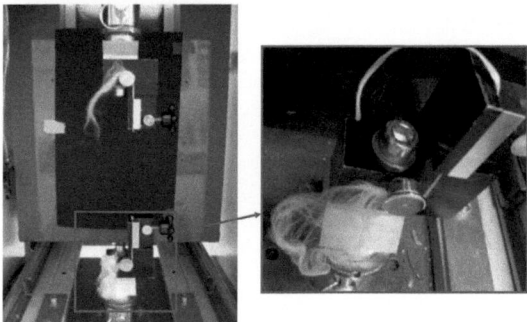

Figure 3.2 – Image de la configuration finale d'un test de traction statique sur le fil

enroulée sur le cylindre reste presque saine après le test. Cette partie est toujours serrée au tour du cylindre, le nombre de tours est constant avant et après le test. Cela indique que le fil n'est pas cassé à l'intérieur du système de fixation entre le mors et le cylindre. Selon les normes ASTM D885-03, une longueur de mesure de 250 mm est utilisée pour une éprouvette. La vitesse de déplacement utilisée pour la contrainte des essais est de 500 $mm/minute$.

3.1.1.2 Traction dynamique

Description du dispositif expérimental :
La figure 3.3 montre le schéma de la traction dynamique sur fil. Un projectile (P1) contenu dans un porte-projectile (P2) est placé dans un canon, le fil est plié entre ces deux éléments (Fig. 3.3a). P1 et P2 sont lancés en même temps par canon (3.3a). Avec un diamètre élevé, P2 est arrêté par un support (3.3b). Après cet impact, la vitesse de P2 est égale à 0 et P1 continue à se déplacer horizontalement avec une vitesse prévue $\vec{v}$. Donc, on a un système de traction dynamique sur un fil. Ce test est suivi par une caméra ultra-rapide qui permet entre autres, de déterminer le moment de la rupture du fil. La déformation du fil est calculée en se basant sur le déplacement du projectile. La figure 3.4 montre l'ensemble du montage prévu pour les essais de la traction dynamique. Deux barrières lasers sont disposées à la sortie du canon pour mesurer la vitesse du projectile avant la tension du fil. C'est la vitesse initiale du système de traction dynamique. Juste devant la sortie du canon, une règle graduée est utilisée pour calculer le trajet du projectile après la sortie du canon. Cette règle a une précision de 1 cm dans les deux directions verticale et horizontale. Tous les éléments dans ce système sont fixés pour assurer la stabilité du test.
Système de fixation fil-projectile :
Dans un essai dynamique, la difficulté majeure réside dans un choix judicieux d'un système approprié de fixation entre le fil et le projectile d'une part et le fil et le porte projectile d'autre part. La figure 3.5a montre une photo du système porte

3 Confrontation expérience/simulation

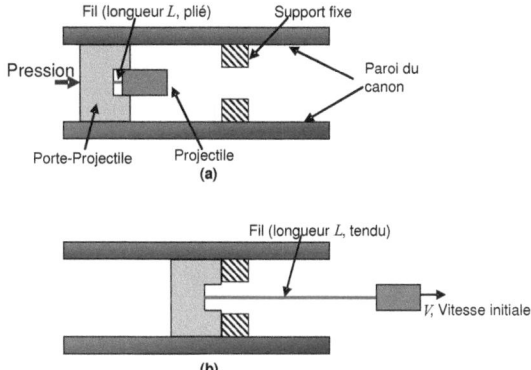

Figure 3.3 – *Principe schématique de la traction dynamique du fil : (a) état initial ; (b) pendant le test*

Figure 3.4 – *Images réelles du système de la traction dynamique sur le fil*

projectile/projectile qui a été retenu pour nos essais. Le projectile utilisé est de forme cylindrique de diamètre $d = 8\ mm$ et de hauteur $h = 10mm$ (Fig. 3.5). Les fixations du fil sont réalisées à l'aide de deux tiges (de diamètre $d = 3mm$) disposées dans le projectile et dans la porte projectile.

La figure 3.6 illustre la technique d'enroulement du fil sur les deux tiges. En effet, le fil utilisé est d'une longueur supérieure à deux fois la longueur L du fil tendu (Fig. 3.3). Ainsi, le fil est simplement enroulé autour de la tige du côté du porte projectile. Ce système optimisé permet d'éviter toute rupture prématurée du fil au niveau de la fixation. En plus, l'essai dynamique est réalisé sur deux fils, ce qui permet un suivi correct des vitesses initiale et résiduelle.

Choix des matériaux du projectile et du porte projectile :
Le tableau 3.1 détaille différents choix des matériaux pour le projectile et le porte-projectile. En effet, trois cas sont testés pour rechercher la solution optimale :
- Cas 1 : Le projectile est en tungstène et le porte-projectile est en polycarbonate. Dans ce cas, le projectile est tellement lourd que la rupture du fil est prématuré, ce qui rend la mesure des vitesses délicate.

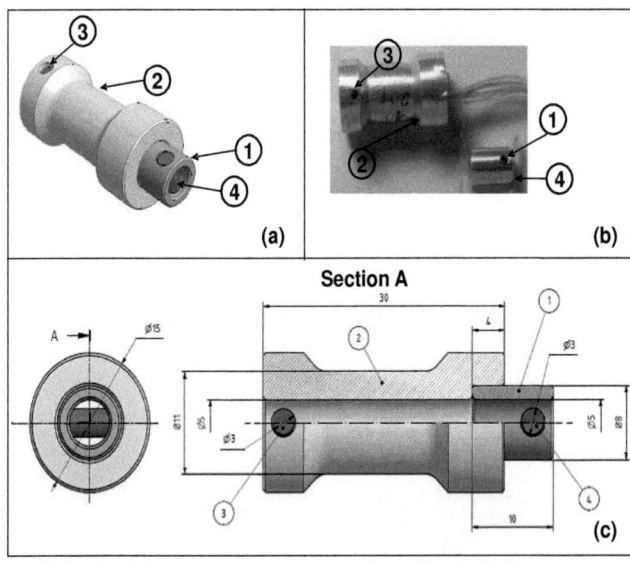

1 : Projectile 2 : Porte projectile
3 : Tige dans le porte projectile 4 : Tige dans le projectile

Figure 3.5 – *Système porte projectile/projectile dans la traction dynamique : (a) Photo réelle; (b) Photo dans la conception; (c) Dimensions*

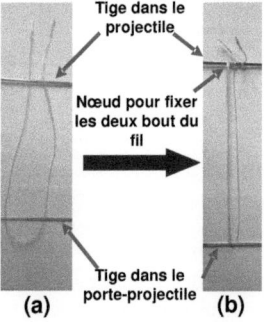

Figure 3.6 – *Illustration de l'enroulement du fil sur les cylindres du projectile et du porte-projectile*

- Cas 2 : Le projectile est fabriqué en aluminiums et le porte-projectile est en polycarbonate. Avec ce choix, la variation de la vitesse du projectile est mise en évidence. Par contre, on constate un phénomène de rebond du porte projectile après l'impact sur le support fixe, à partir des enregistrements par la caméra. Ce phénomène de rebond est dû au choix du matériau du porte projectile à savoir le polycarbonate qui est un polymère. Ce constat influence la mesure de vitesse résiduelle.

– Cas 3 : Le projectile et le porte-projectile sont en aluminium, ce qui permet de réduire considérablement le problème du rebond du porte projectile. Ce choix a été validé pour la conduite des essais dynamiques sur les fils.

Tableau 3.1 – *Choix des matériaux pour le projectile et le porte-projectile*

Matériaux	Projectile	Porte-projectile
Cas 1	Tungstène	Polycarbonate
Cas 2	Aluminum	Polycarbonate
Cas 3	Aluminum	Aluminum

Cette phase montre les difficultés rencontrées pour la mise en oeuvre des systèmes permettant la réalisation des essais dynamiques dans le cas des fils.

3.1.2 Résultats et discussions

3.1.2.1 Traction statique

La figure 3.7 présente les résultats des essais de traction statique réalisés sur deux types de fil : Twaron 3360 dtex et Kevlar 129. Les courbes montrent une

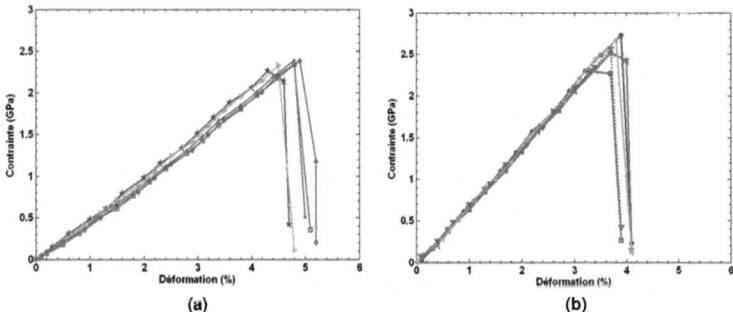

Figure 3.7 – *Courbe statique contrainte - déformation du fil : (a) Twaron 3360 dtex ; (b) Kevlar 129*

évolution linéaire de la contrainte en fonction de la déformation. Globalement, ce résultat montre une bonne reproductibilité des essais (5 essais par matériau). La contrainte est déterminée en considérant une surface du fil calculée à partir de la relation suivante [Bou] :

$$\Phi = \sqrt{\frac{4 \times 10^{-6}.dtex}{\pi \rho}} \qquad (3.1)$$

Où Φ est le diamètre de section de fil (cm), dtex est la masse en grammes par 100 mètres, ρ représente la densité massique du matériau en grammes par centimètre cube. Il est à noter que, pour les deux matériaux, l'allure des courbes met en évidence un comportement linéaire qui peut être caractérisé par un module d'élasticité longitudinal (E), une contrainte à la rupture (σ_R) et une déformation à la rupture (ϵ_R) dont les valeurs sont récapitulées dans le tableau 3.2.

Tableau 3.2 – *Résultats des essais de traction statique sur les fils*

Matériaux	Module d'Young E (GPa)	Contrainte de rupture $_R$ (Gpa)	Déformation de rupture $_R$ (%)
Twaron 3360 dtex	49,7 (± 1,4%)	2,34 (± 4,5%)	4,7 (± 3,1%)
Kevlar 129	69,1 (± 3,8%)	2,56 (± 5,2%)	3,7 (± 1,4%)

La figure 3.8 met en évidence une comparaison entre le comportement mécanique des deux matériaux testés en traction statique. On note que les fils Kevlar 129 présentent un module d'élasticité et une contrainte à la rupture supérieurs à ceux des fils Twaron 3360 dtex. Ces données relatives au comportement mécanique des fils sont nécessaires pour l'étude de la simulation numérique.

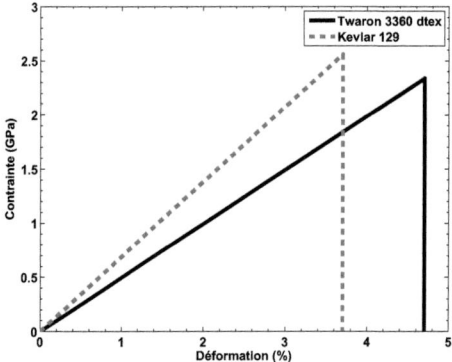

Figure 3.8 – *Comparaison du comportement de traction statique entre le fil Kevlar et Twaron*

3.1.2.2 Traction dynamique

La figure 3.9 illustre les configurations de l'essai de traction dynamique de temps entre : 0 μs (Le projectile sort du canon) et 1344 μs (La rupture du fil est visible). Le suivi de la traction dynamique à l'aide d'une caméra rapide (1 image/16 μs) a permis de mettre en évidence l'ensemble du scénario se produisant au cours de l'essai. Nous pouvons observer clairement que le fil ne casse pas au niveau de la fixation avec le projectile à 1344 μs (Fig. 3.9). La position et l'instant de la rupture semblent la même entre les deux parties du fil. Ce résultat montre que ce système d'essai peut éviter la rupture prématurée aux points de fixation. Ceci confirme le choix judicieux du mode de fixation.

En effet, on note l'existence de trois étapes principales :
– Étape 1 : Le fil est encore relâché.
– Étape 2 : Le fil est tendu.
– Étape 3 : Le fil est cassé.

Dans l'étape 1, le fil est en cours du dépliage, la vitesse initiale du projectile est constante entre 0 μs et 944 μs. Dès que le fil est complètement déplié, on peut

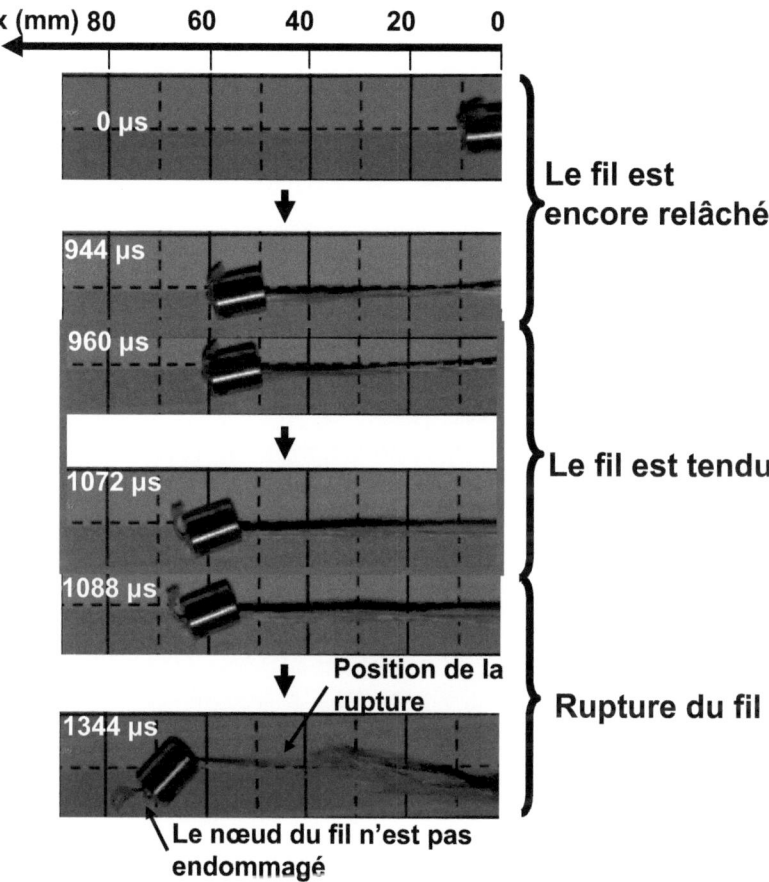

Figure 3.9 – Configurations de l'essai de traction dynamique entre 0 μs et 1344 μs

déterminer la longueur initiale du fil et le projectile commence l'étape 2 avec une décélération en raison de la traction du fil entre 0 μs et 944 μs. Dans la dernière étape, à partir de 1088 μs, le fil est cassé et le projectile se déplace librement avec une vitesse finale. Les résultats des essais de traction dynamique sur les fils Kevlar 129, type 964C, dtex 1100 sont présentés dans le tableau 3.3.

Donc, nous pouvons déterminer les deux instants critiques où :
– Le fil commence à être tendu
– Le fil commence à casser

Ainsi, la déformation à la rupture du fil, ε_r, peut être approximée à partir des déplacements du fil :

$$\varepsilon_r = 0,22 \ (\pm 14\%) \tag{3.2}$$

où l'erreur de ±14% est attribuée à la limitation de la caméra (1 image/16 μs).

Tableau 3.3 – *Résultats des essais de traction dynamique sur les fils Kevlar 129, type 964C, dtex 1100*

Vitesse initiale (m/s)	Vitesse finale (m/s)	Longueur initiale (mm)
49,5 ± 0,07 %	22,2 ± 3,9 %	136,6 ± 0,2 %

Le module d'Young du fil est déterminé en supposant que le fil est toujours élastique jusqu'à la rupture en état dynamique. A partir de la loi de conservation d'énergie, nous avons la formulation suivante :

$$\frac{1}{2}m_{pa}(v_i^2 - v_f^2) = \frac{1}{2}V_f E(\varepsilon^r)^2 \quad (3.3)$$

Où m_{pa}, v_i, v_f sont successivement la masse du projectile, ses vitesses initiale et finale ; V_f, E, ε^r sont successivement la volume, le module d'Young, la déformation de rupture du fil. Donc, dans l'essai de traction dynamique pour les fils Kevlar 129, nous obtenons le module d'Young, E = 214,6 GPa (±28%). La formulation du module d'Young possède le terme $(\varepsilon^r)^2$, donc, son erreur est amplifiée considérablement par rapport à celle de la déformation de rupture.

Le tableau 3.4 présente une comparaison des propriétés mécanique du fil Kevlar 129 entre l'état statique et dynamique. En fait, le taux de déformation dans le test dynamique atteint de $225s^{-1}$, tandis qu'il est de $0,03s^{-1}$ pour le cas statique. Nous trouvons qu'en état dynamique, le fil a une déformation à la rupture 1,7 fois environ moins faible que l'état statique (2,2% par rapport à 3,7%). Le module dynamique est 3 fois environ plus grand que celui statique (214,6 GPa par rapport à 69,1 GPa).

Tableau 3.4 – *Comparaison des propriétés mécanique du fil Kevlar 129 entre l'état statique et dynamique*

État	Module d'Young E (GPa)	Déformation de rupture ε_R (%)	Énergie volumique de déformation critique W (J/cm³)
Statique (0,03 s⁻¹)	69,1 (± 3,8%)	3,7 (± 1,4%)	46,8
Dynamique (225 s⁻¹)	214,6 (± 28 %)	2,2(± 1,4%)	49,8

Quand nous comparons l'énergie de déformation volumique jusqu'à la rupture, W :

$$W = \int_0^{\varepsilon^r} \sigma(\varepsilon)d\varepsilon \quad (3.4)$$

où ε^r, ε, σ sont la déformation de rupture, la déformation et la contrainte actuelle du fil ; nous pouvons trouver que la différence entre l'état dynamique et statique est faible ($\simeq 6$ %) pour le cas du fil Kevlar 129, type 964C, dtex 1100 (49,8 J/cm^3 en comparaison avec 46,8 J/cm^3). Donc, dans le cas de nos essais de traction où l'influence de la température est négligeable et le matériau est considéré comme parfaitement élastique jusqu'à la rupture, l'hypothèse sur la conservation de l'énergie volumique de rupture peut être correcte.

En général, le dispositif expérimental dédié à une traction dynamique d'un fil présente une certaine originalité. La fixation des fils est judicieusement choisie afin d'éviter de créer une concentration de contrainte qui peut influencer la rupture des fils. Les résultats montrent une différence significative sur les propriétés mécaniques du fil de Kevlar 129 entre l'état statique et dynamique. On note aussi que l'énergie volumique de déformation critique du fil varie faiblement avec le taux de déformation.

3.2 Partie II : Essais balistiques sur les tissus 3D

3.2.1 Procédure expérimentale

La figure 3.10a présente le système expérimental permettant de réaliser des essais balistiques sur des tissus 3D. Ce système comporte 4 éléments principaux :
- **(1)** : Un canon de gaz qui comporte un tube long. Le projectile est poussé par la pression de gaz et orienté droit par le tube.
- **(2)** : Quatre écrans optiques sont disposés dans le trajet du projectile pour capter les moments de passage du projectile. Ainsi, nous pouvons en déduire la vitesse d'impact du projectile en se basant sur les distances fixées entre ces écrans.
- **(3)** : Un cadre en acier qui permet de fixer les tissus aux deux côtés en bas et en haut. La dimension verticale de l'échantillon peut être modifiée en déplaçant les barres supérieures. Avec ce cadre, la taille maximale du tissu est limitée à la dimension 45 cm × 60 cm.
- **(4)** : Un système des caméras ultra-rapides pour enregistrer les images pendant l'impact. Les caméras possèdent une résolution de 512 × 128 avec une vitesse de 24000 images par seconde.

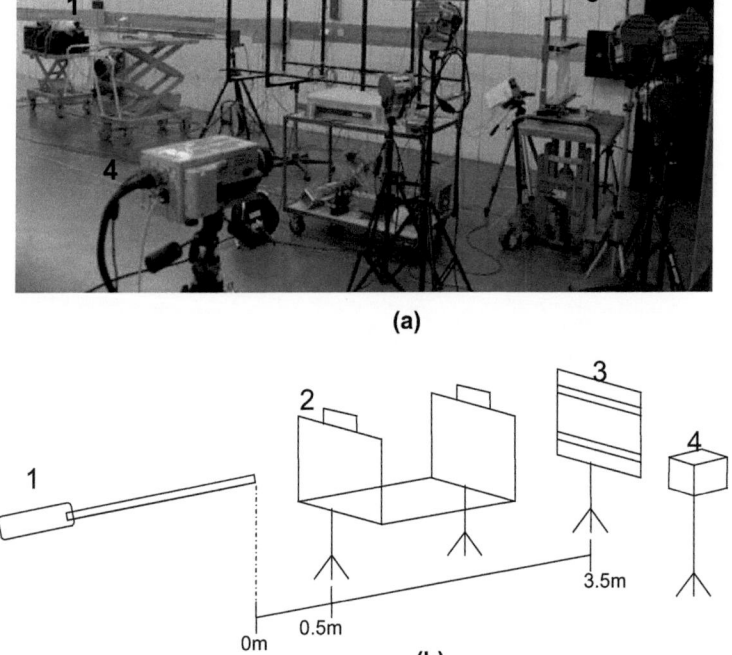

Figure 3.10 – *Système des tests balistiques : (a) Image réelle, (b) Schématisation*

3 Confrontation expérience/simulation

Ce système peut être schématisé dans la figure 3.10b. La distance entre le premier écran et "la bouche du canon" est de 0,5 m. Le cadre du tissu se situe à une distance de 3,5 m par rapport à cette bouche.La figure 3.11 présente le mode de fixation des tissus dans le cadre avec les cylindres. Nous proposons d'insérer les cylindres dans les tissus immédiatement au cours du procédé de tissage. Les cylindres sont fortement serrés comme un fil de trame. Après, les tissus avec les cylindres sont disposés dans le cadre, cette technique permet d'empêcher le glissement du tissu. Il faut noter que cette solution retenue pour nos essais conduit à une fixation correcte du tissu lors de l'impact. Plusieurs configurations de fixation ont été préalablement testées (voir Annexe D). Le mode de fixation des tissus joue une rôle primordial dans le cas des tests balistiques. En effet, il peut affecter les résultats du fait des glissements possibles et aussi du réglage de la pré-tension du tissu.

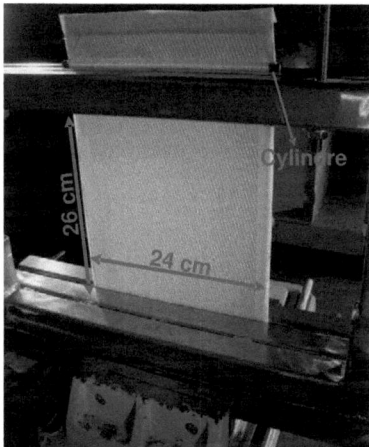

Figure 3.11 – *Fixation du tissu dans le cadre avec les cylindres*

La dimension initiale de la surface libre du tissu est de 24 cm× 24 cm. Après avoir introduit dans le cadre, le tissu est prétendu un peu jusqu'une longueur de 26 cm pour avoir une surface libre homogène.

Le projectile est un FSP (Fragment-Simulating Projectile) avec un diamètre de 5,45 mm et une masse de 1,11 grammes. Les impacts sont perpendiculaires au plan du tissu et plus ou moins au centre du tissu. Deux vitesses d'impact : 400 et 306 m/s ont été retenues. Ce choix est guidé par le souci de simuler deux situations : perforation (P) et non perforation (NP).

3.2.2 Résultats et discussions

3.2.2.1 Impact sans perforation

La figure 3.12 montre les configurations de l'impact de 306 m/s sur le tissu 3D. Dans ce cas, le tissu n'est pas perforé. Quand le projectile avance, une pyramide de déformation est constituée et développée (Fig. 3.12a). C'est la propagation des ondes transversales sur le tissu 3D pendant la période d'impact. Nous pouvons observer que cette pyramide devient visible à partir de 70 µs (Fig. 3.12b).

La figure 3.12b illustre la propagation des ondes longitudinales. Ces ondes se propagent plus rapidement que les ondes transversales. En fait, dans la littérature, cette onde n'est jamais visible pour les tissus 2D, il est possible que, dans ce cas, elle soit visible pour deux raisons :
- La structure d'interlock avec une densité massive des fils crée une résonance entre les ondes de déformation longitudinale propagées sur les fils voisins. Cette résonance fait augmenter rapidement l'amplitude de ces ondes qu'un front d'onde est visiblement créé sur la surface du tissu.
- La méthode de fixation avec les cylindres rend une surface libre du tissu dans les tests parfaitement homogène. Donc, les ondes peuvent se propager d'une façon continue.

A partir des photos de caméra ultrarapide, nous pouvons obtenir une vitesse de l'onde longitudinale, c, égale à 1309 m/s dans ce cas. Sachant que dans le cas d'un fil seul, cette vitesse est analytiquement déterminée par la formulation :

$$c = \sqrt{\frac{E}{\rho}} \qquad (3.5)$$

où E est le module d'Young du fil et ρ est la masse volumique du fil. Pour un fil Twaron 3360 dtex, avec E égal à 49,7 GPa (voir la section 3.1.2.1 et ρ égale à 1440 kg/m^3, l'onde longitudinale possède une vitesse, c, égale à 5875 m/s. Donc, il existe une différence sur la vitesse de l'onde longitudinale sur le fil entre les deux cas : un fil libre ($c_{\text{fil libre}}$=5875 m/s) et un fil dans le tissu 3D ($c_{\text{fil dans le tissu}}$=1309 m/s). En effet, l'interaction entre les fils dans le tissu affecte la propagation des ondes longitudinales sur un fil.

Il est à noter que, dans le cas du tissu 2D, le rapport sur la vitesse de l'onde longitudinale entre ces deux cas :

$$\frac{c_{\text{fil libre}}}{c_{\text{fil dans le tissu}}} = \sqrt{2} \qquad (3.6)$$

La raison est le doublement de la masse volumique au point de croisement.

La figure 3.13 indique l'évolution du déplacement du sommet de la pyramide de déformation en fonction du temps. Ce sommet se déplace fortement au début, mais faiblement à partir de 270 µs. La raison est que l'énergie cinétique du projectile est considérablement dissipée à cause des propagations des ondes de déformation. La tendance de cette courbe après 300 µs est horizontale. En effet, dans cette phase, la vitesse du projectile est diminuée pour tendre vers zéro. Donc, son déplacement semble négligeable. La figure 3.14 montre le développement de la pyramide de déformation (la propagation de l'onde transversale) en fonction du temps sur les deux sens de chaîne et de trame. On prend le point d'impact comme la position de référence (0 mm) pour tracer ces courbes. Pendant les premières 70 µs, la dimension de la pyramide est similaire pour les deux sens. Cependant, nous constatons que dans le sens de trame, l'onde transversale se propage sur une distance de 20 mm environ pendant les premières 70 µs. Après cette période, l'onde transversale semble ne pas se déplacer dans ce sens. En effet, les fils de trame sont libres aux deux bords, donc, ils subissent une translation vers le point d'impact pour suivre la pénétration du projectile. Ce phénomène empêche le développement de la pyramide dans ce sens à partir de 70 µs environ.

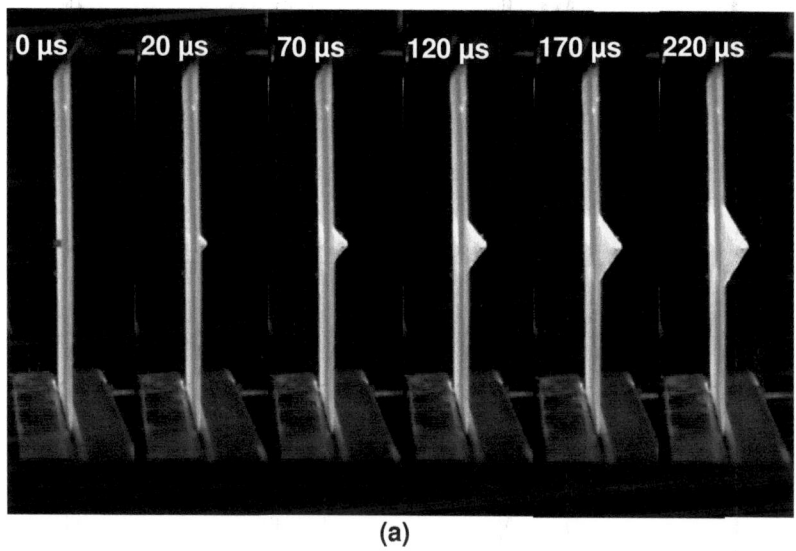

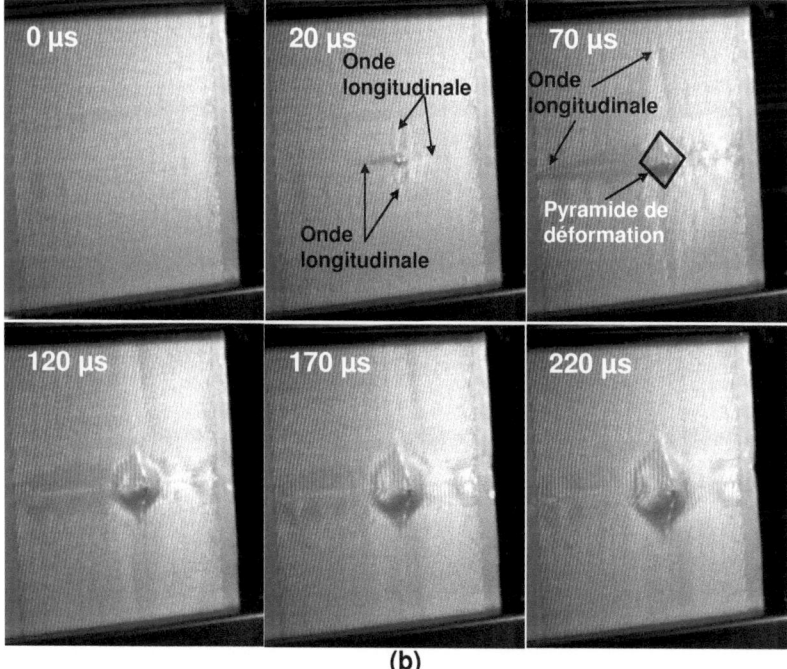

Figure 3.12 – Configurations de l'impact de 306 m/s sur le tissu 3D : (a) Vue latérale ; (b) Vue en face derrière

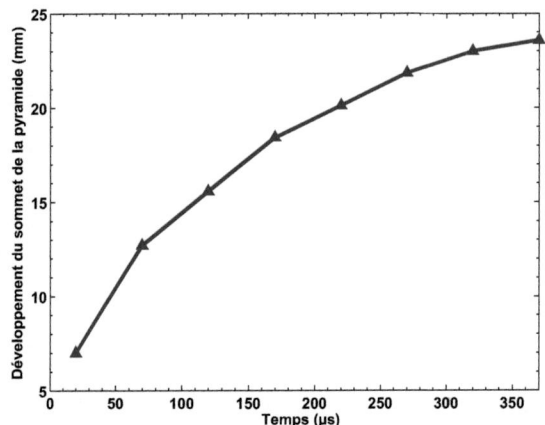

Figure 3.13 – *Déplacement du sommet de la pyramide de déformation dans le cas d'impact de 306 m/s*

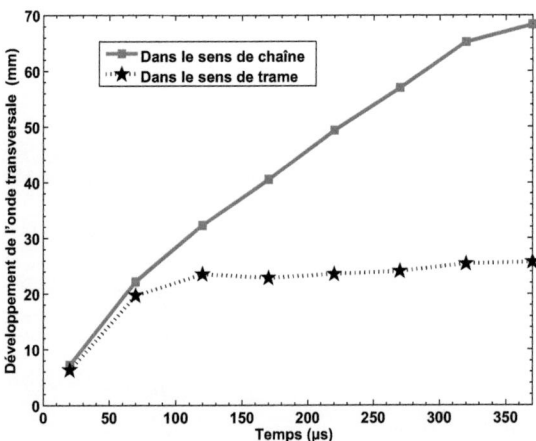

Figure 3.14 – *Développement de la pyramide de déformation dans le cas d'impact de 306 m/s*

En revanche, à 70 μs, l'onde transversale se déplace de manière linéaire en fonction du temps dans le sens de chaîne. En effet, les fils de chaîne sont fixés à deux côtés, la translation de ces fils vers le point d'impact n'existe plus. L'onde transversale peut se propager avec une vitesse approximativement constante. Cette vitesse dépend de l'architecture du tissu et des propriétés mécaniques du fil.

3.2.2.2 Impact avec perforation

La figure 3.15 montre les configurations de l'impact à une vitesse de 400 m/s sur le tissu 3D. Le tissu est perforée avec une vitesse résiduelle du projectile de 303 ± 11 m/s). Le projectile dans ce test traverse le tissu sans être retenu par aucun fil, il continue à se déplacer d'une façon stable tout droit à l'instant 220 μs après la perforation. Donc, on peut déduire que la vitesse limite de perforation de ce tissu 3D se situe entre 300 et 400 m/s.

Dans la figure 3.15b, la propagation des ondes longitudinales n'est pas visible comme dans le cas de non perforation à cause de l'effet lumière. Cependant, la vitesse d'impact n'influence pas considérablement la vitesse de cette onde.

Il ressort que le développement de la pyramide dans ce cas est plus faible que celui du cas de non perforation. En fait, la propagation de l'onde transversale diminue considérablement dès que le projectile traverse complètement le tissu. Car, les fils ne subissent plus le chargement du projectile. Ce résultat indique que la propagation de l'onde transversale dépend considérablement de la vitesse d'impact.

La figure 3.16 montre la propagation de l'onde transversale en fonction du temps dans les deux sens de chaîne et de trame pour le cas de perforation par rapport au point d'impact. Encore une fois, l'onde transversale se déplace fortement dans le sens de chaîne entre 0 et 70 μs. Après cette période, la position de l'onde transversale varie légèrement entre 18 et 23 mm à cause de la translation des deux bords libres vers le point d'impact. Par contre, l'onde transversale se propage dans le sens de chaîne de manière approximativement linéaire en fonction du temps. Il semble que cette onde possède une vitesse plus ou moins constante dans le sens de chaîne.

D'autre part, l'onde transversale se déplace plus rapidement dans le sens de trame que dans le sens de chaîne entre 0 et 220 μs. La raison est que l'ondulation des fils de trame est forcément plus faible que celle des fils de chaîne. Donc, le processus 'de-crimping' sur les fils de trame est considérablement plus court que celui sur les fils de chaîne.

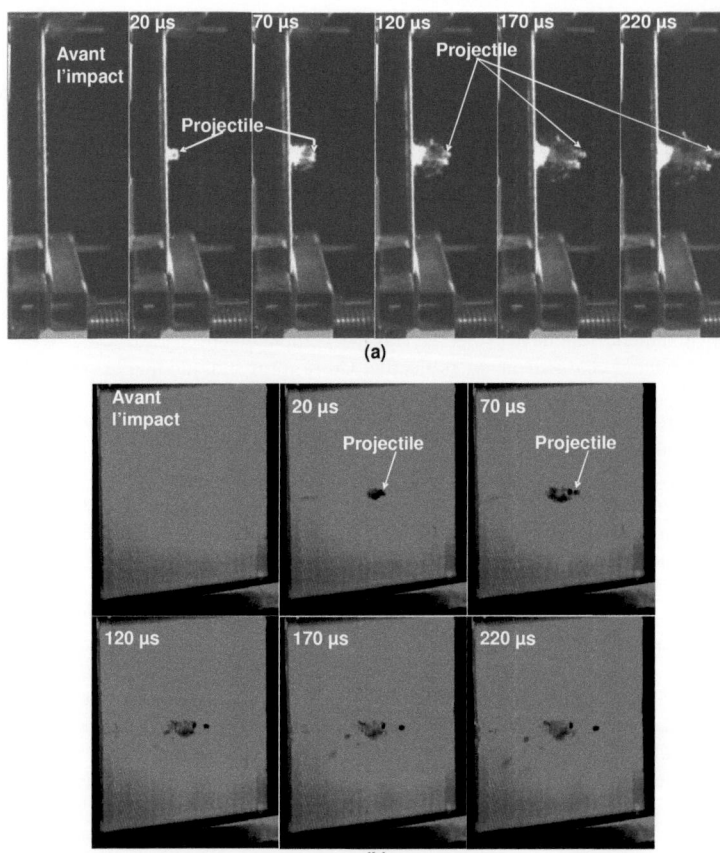

Figure 3.15 – Configurations de l'impact de 400 m/s sur le tissu 3D : (a) Vue latérale ; (b) Vue en face derrière

3 Confrontation expérience/simulation

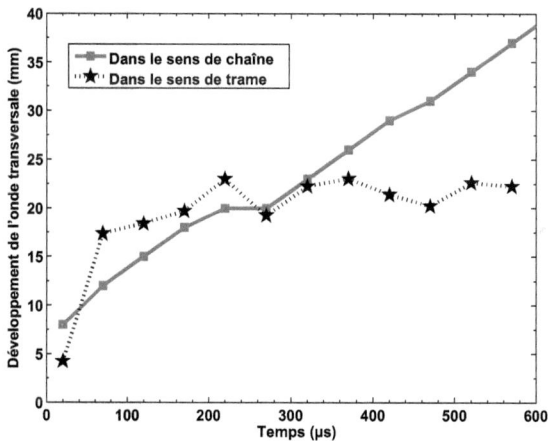

Figure 3.16 – *Développement de la pyramide de déformation dans le cas d'impact de 400 m/s*

3.3 Partie III : Confrontation expérience/numérique

3.3.1 Modélisation géométrique du tissu

La figure 3.17 détaille les photos des sections perpendiculaires aux : fils de trame et fils de chaîne du tissu 3D d'interlock-angle-dans-l'épaisseur-de-4-couches.

En général, la section transversale des fils peut être considérée de forme elliptique. La section des fils de trame a une hauteur plus élevée mais elle a une largeur plus étroite en comparaison avec celle des fils de chaîne. En fait, même entre les fils de chaîne seuls ou bien entre les fils de trame seuls, la différence sur les sections transversales est clairement visible. Pour la simplification, dans la modélisation, nous considérons que tous les fils de chaîne ont une même section transversale de forme elliptique dont la hauteur et la largeur sont prises égales aux moyennes des dimensions associées de ces sections. De manière identique, nous obtenons la taille pour la section des fils de trame.

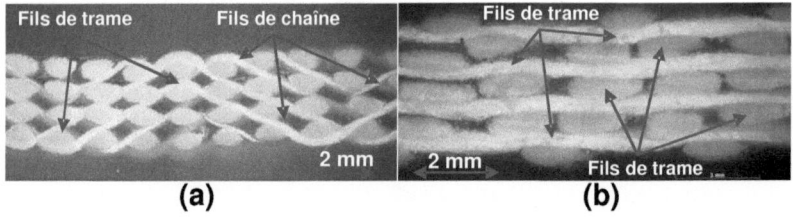

Figure 3.17 – *Photos microscopiques des sections perpendiculaires aux : (a) Fils de trame ; (b) Fils de chaîne*

Dans la figure 3.17a, nous remarquons que les fils de trame sont rangés dans des colonnes régulières. Ces fils semblent également être droits dans la figure 3.17b. Pourtant, les fils de chaîne s'approchent pour remplir les vides. C'est le résultat du tissage, les fils se déplacent pour atteindre l'état d'équilibre stable.

La figure 3.18 compare la géométrie entre le modèle numérique et la réalité. En fait, la géométrie du modèle est idéale, les fils de chaîne sont toujours droits et ils ne se croisent pas dans le plan du tissu. Donc, avec les fils de trame, la différence entre le modèle et la réalité est légère ; mais elle est considérable pour les fils de chaîne. Même si dans le modèle, la distance entre les fils de chaîne est proche de zéro, la densité de ces fils est toujours plus faible que celle de la réalité (6,25 fils/cm par rapport au 20 fils/cm). Pourtant, en prenant la masse volumique d'un fil égale à une fibre (1440 kg/m^3), le modèle a une masse surfacique considérablement plus élevée que la réalité (2,8 kg/m^3 par rapport au 1,6 kg/m^3). La raison est que le modèle considère un fil comme un matériau homogène. Donc, les vides dans un fil sont pris en compte dans la masse surfacique du tissu modélisé. Pour résoudre ces problèmes, nous prenons toujours la masse volumique des éléments coques égale à celle des fibres pour assurer la vitesse réelle de l'onde longitudinale des fibres. L'aire des sections transversales des fils de chaîne et de trame est changée pour que la densité massique de ces fils soit identique entre le modèle et la réalité.

3 Confrontation expérience/simulation

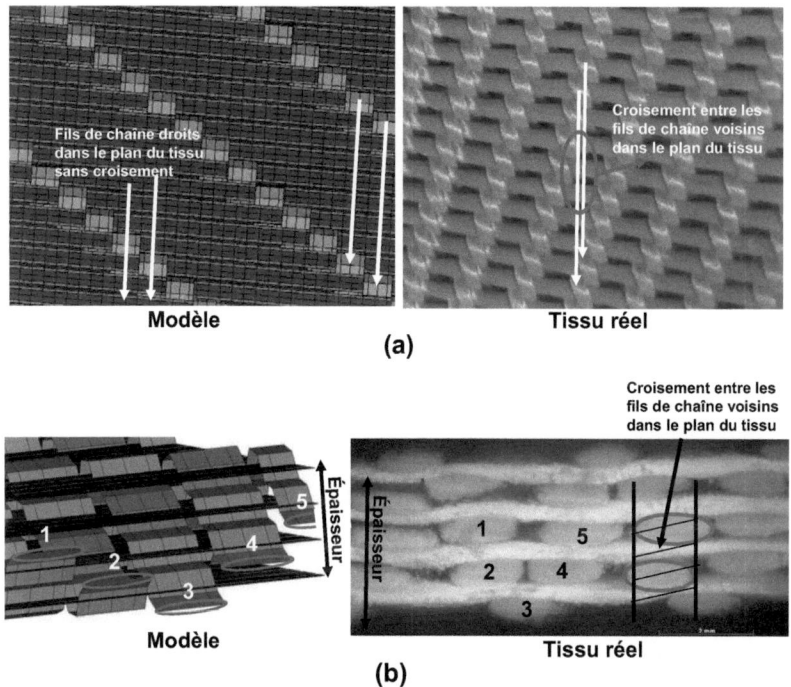

Figure 3.18 – Comparaison de géométrie entre le modèle numérique et la réalité :
(a) Dans le plan du tissu ; (b) Dans la section transversale

3.3.2 Maillage du modèle

En considérant les résultat du chapitre 2, dans ce cas, les éléments coques 3D sont utilisés pour modéliser le tissu 3D (Fig. 3.19). La section transversale des fils est divisée en quatre éléments, nous ne modifions que l'épaisseur des deux éléments extérieurs pour adapter la condition d'égalité de la masse surfacique en comparaison avec la réalité. Donc, la largeur b et la hauteur h de chaque section sont conservées comme dans la réalité pour assurer les contacts entre les fils. En fait, c'est une solution simple qui assure l'égalité de la masse surfacique, la densité massique des fils et la vitesse de l'onde longitudinale entre le modèle et la réalité. Pourtant, les frottements entre les fils et les fibres ne sont pas parfaitement décrits par rapport à la réalité.

3.3.3 Conditions de calcul

La figure 3.20 illustre le modèle numérique pour valider les tests balistiques sur les tissus 3D.

La dimension du tissu est identique à la réalité : 24 cm×26 cm. Puisque la géométrie de ce tissu n'est pas symétrique, donc, nous devons calculer avec un modèle complet. Nous supposons que :

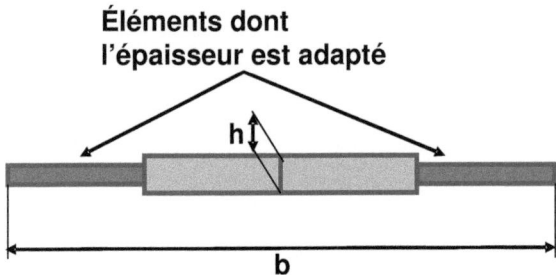

Figure 3.19 – *Modélisation de la section transversale des fils dans le tissu 3D d'interlock-angle-dans-l'épaisseur*

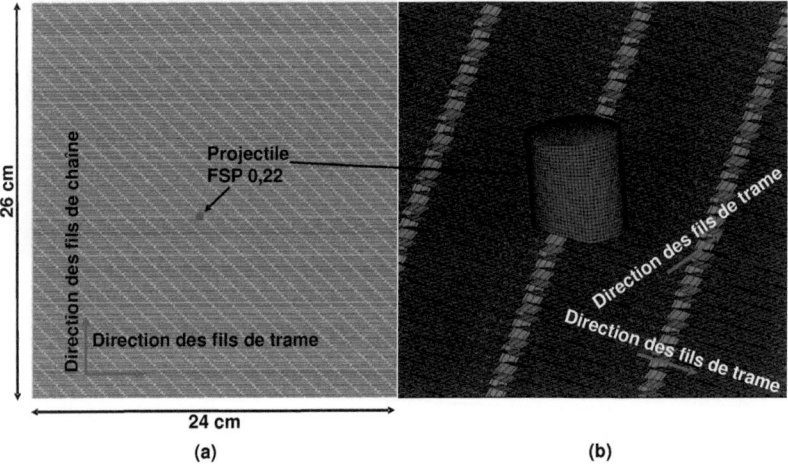

Figure 3.20 – *Configuration du modèle numérique des tests balistiques sur les tissus 3D d'interlock-angle-dans-l'épaisseur-de-4-couches avec les cylindres : (a) Vue globale ; (b) Maillage en détail*

- La fixation avec les cylindres est idéale, donc, les noeuds à ces deux bords sont fixés en déplacements.
- Le projectile est infiniment rigide.

Le coefficient de frottement est pris égal à 0,25 pour le contact entre les fils, et 0,2 pour celui entre les fils et le projectile. En se basant sur les travaux expérimentaux des deux parties précédentes, les propriétés mécaniques statique et dynamique du fil sont introduites dans le modèle (le tableau 3.5). Les autres composantes mécaniques comme le module transversal, les modules de cisaillement et le coefficient de Poisson sont pris égaux à ceux expérimentaux du fil Kevlar KM2 dans le chapitre 2 (le tableau 3.5).

Tableau 3.5 – *Propriétés mécaniques du fil Twaron 3360 dtex*

État	Module d'Young longitudinal E_{11} (GPa)	Déformation de rupture R (%)	Module d'Young transversal E_{22} (GPa)	Modules de cisaillement (GPa)			Coefficient de Poisson
				G_{12}	G_{23}	G_{13}	
Statique	49,7	4,7	1,34	24,4	0,001	0,001	0,6
Dynamique	225	2,2	1,34	24,4	0,001	0,001	0,6

3.3.4 Résultats et discussions

3.3.4.1 Impact sans perforation

La figure 3.21 illustre la comparaison entre les deux modèles numériques d'un impact à 306 m/s et les observations expérimentales. Les résultats montrent que le projectile ne peut pas encore perforer le tissu jusqu'à 120 μs. La formation de la pyramide est le mécanisme unique observé entre 0 μs et 120 μs. Il semble que les développements de la pyramide vers les deux bords du modèle numérique utilisant les propriétés dynamiques et du test sont identiques et plus importants que celui du cas du modèle numérique utilisant les valeurs statiques. Nous observons que les sommets de la pyramide des trois résultats sont presque toujours à la même distance par rapport au plan du tissu. C'est la raison pour laquelle, la pyramide du modèle numérique utilisant les constantes statiques est légèrement en pente que celle des autres. La figure 3.22 montre une vue en face derrière de l'essai d'impact à 306 m/s et les deux modèles numériques correspondants aux usages des constantes dynamiques et statiques.

Dans cette figure, les deux modèles numériques sont présentés sous la forme de contour vitesse pour afficher plus clairement la propagation des ondes longitudinales de déformation du tissu pendant l'impact. Il est remarqué que la propagation des ondes longitudinales de déformation est toujours plus rapide dans le sens trame que celle dans le sens chaîne avec une ondulation plus forte pour tous les trois résultats. Dans le sens chaîne, ces ondes dans les cas de l'expérience et du modèle numérique utilisant les propriétés dynamiques peuvent atteindre les deux bords à 70 μs. Par contre, dans le cas du modèle numérique utilisant les valeurs statiques, ces ondes se propagent plus lentement.

A 120 μs, pour l'expérience et le modèle numérique utilisant des constantes dynamiques, le front des ondes longitudinales sont en cours de propagation le long des bords tandis que pour le modèle utilisant des constantes statiques, le front des ondes longitudinales vient d'atteindre les deux bords. La vitesse de propagation des ondes de déformation est considérablement plus améliorée dans le cas du modèle numérique utilisant les propriétés dynamiques. Il est à noter que le module d'Young est égal à 225 GPa), et celui du modèle statique est de 49, 7 GPa.

La figure 3.23 illustre les évolutions du déplacement expérimental du sommet de la pyramide de déformation et ceux des modèles utilisant les constantes dynamiques et statiques avec une vitesse d'impact identique. Dans ce cas, le projectile ne peut pas toujours perforer le tissu, donc, le déplacement du sommet de la pyramide est équivalent à celui du projectile. Il est à noter que tous les trois résultats sont identiques dans les premières 100 microsecondes. Après cette période, le projectile se déplace plus rapidement dans le cas du modèle numérique utilisant les constantes statiques.

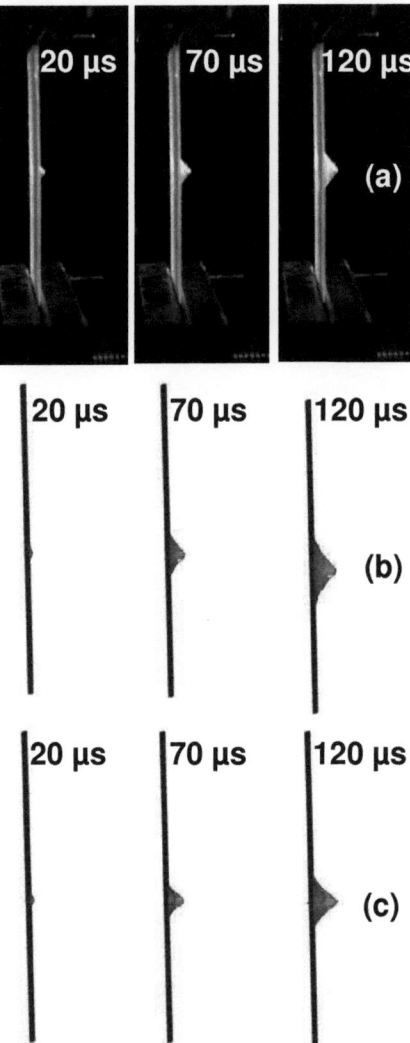

Figure 3.21 – *Comparaison dans le cas l'impact de 306 m/s avec une vue latérale entre : (a) Expérience ; (b) Résultat numérique avec les propriétés dynamiques ; (c) Résultat numérique avec les propriétés statiques*

Il est noté que dans les premières 100 microsecondes, il existe une différence sur la vitesse de propagation des ondes de déformation entre le modèle numérique utilisant les constantes statiques avec celui utilisant les valeurs dynamique et l'essai expérimental. Pourtant, l'effet de cette différence sur le déplacement du projectile reste encore faible, car la zone où les ondes se propagent n'est pas encore importante dans

3 Confrontation expérience/simulation 125

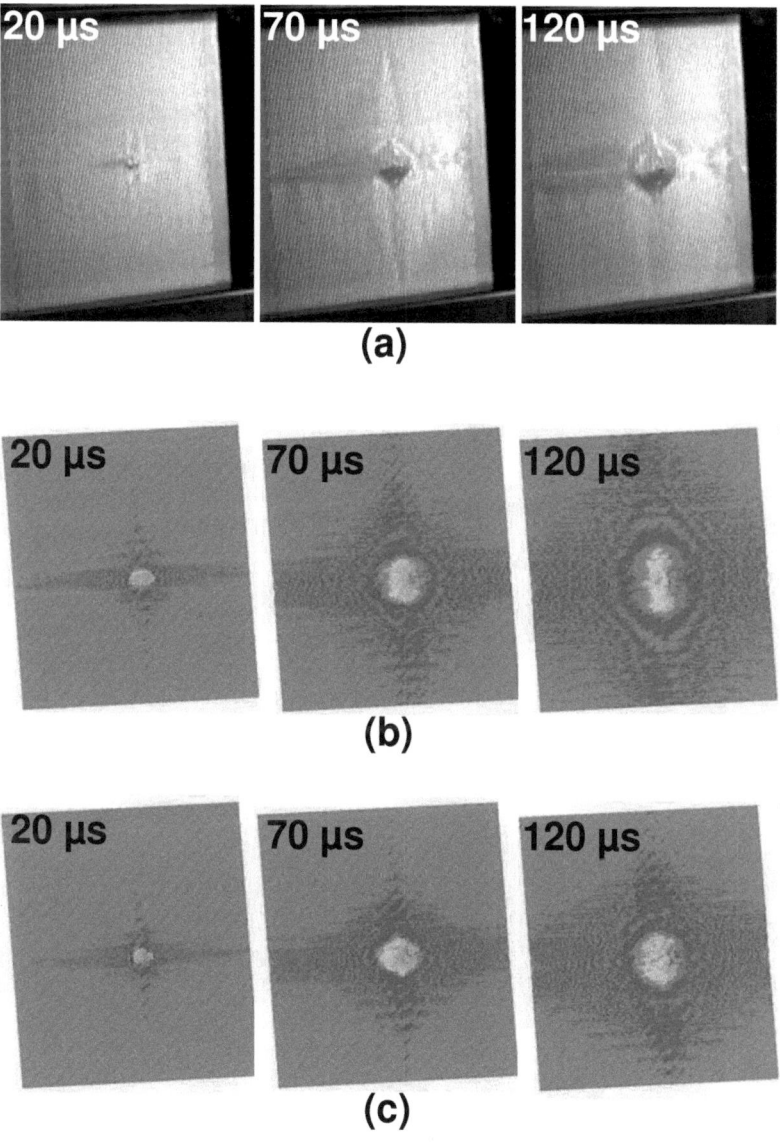

Figure 3.22 – *Comparaison dans le cas l'impact de 306 m/su avec une vue en face derrière entre : (a) Test 6 ; (b) Contour de vitesse du modèle numérique utilisant les propriétés dynamiques ; (c) Contour de vitesse du modèle numérique utilisant les propriétés statiques*

cette période.

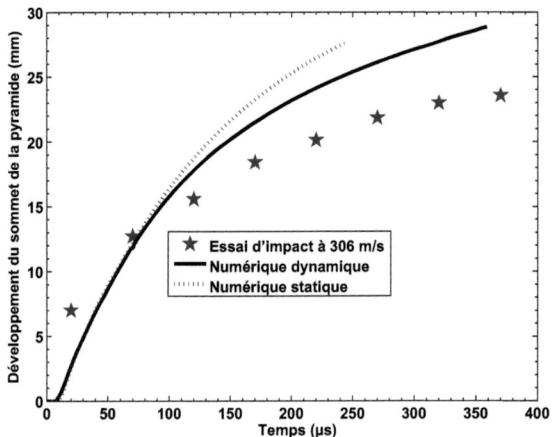

Figure 3.23 – *Comparaison dans le cas d'impact non perforation sur le déplacement du sommet de la pyramide de déformation entre : L'expérience, le résultat numérique avec les propriétés dynamiques et le résultat numérique avec les propriétés statiques*

Après cette phase, la zone déformée devient plus considérable et l'effet de la vitesse de propagation des ondes sur le déplacement du projectile est plus visible comme illustré par la figure 3.23. D'autre part, nous pouvons également observer une différence entre le modèle numérique utilisant les constantes dynamiques et l'expérience à 370 μs. La raison peut être attribuée à la géométrie qui n'est pas parfaitement réaliste du modèle numérique.

Les figures 3.24 et 3.25 présentent les évolutions du développement de la pyramide de déformation dans les sens chaîne et trame successivement pour les trois cas : le résultat expérimental et des modèles utilisant les constantes dynamiques et statiques avec une vitesse d'impact 306 m/s.

La figure 3.24 indique que le modèle numérique utilisant les propriétés dynamiques est en bonne concordance avec le résultat expérimental décrivant l'évolution de la pyramide de déformation dans le sens chaîne. Par contre, ces deux résultats sont considérablement différents en comparaison avec celui du modèle numérique utilisant les constantes statiques. Encore une fois, nous pouvons souligner que le développement de la pyramide de déformation du modèle numérique avec les propriétés mécaniques statiques est toujours plus lent dans le sens chaîne par rapport à la réalité. Car la vitesse de propagation dépend du module d'Young des fils.

Concernant la propagation de l'onde transversale dans le sens trame, la figure 3.25 montre que la différence entre les trois résultats est faible. La pyramide de déformation se développe forcément dans le sens de trame pendant les 50 premières microsecondes. Après 50 μs, la dimension de la pyramide dans cette direction ne varie pas considérablement. Il est à noter que les fils de trame ne sont pas encastrés. Donc, ils sont tirés vers le point d'impact avec le déplacement d'avance du projectile, cela restreint le développement de la pyramide dans le sens de trame.

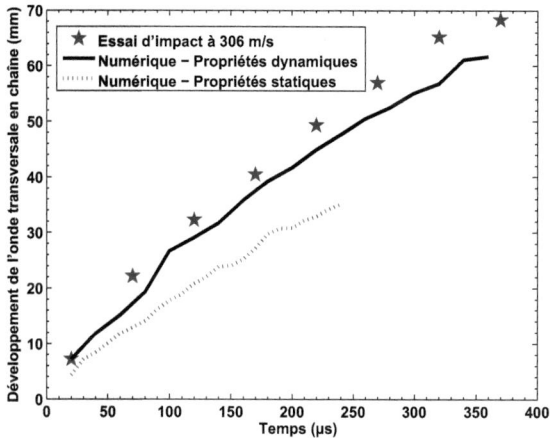

Figure 3.24 – *Comparaison dans le cas d'impact non perforation sur développement de l'onde transversale dans la direction de chaîne entre : Expérience, résultat numérique avec les propriétés dynamiques et résultat numérique avec les propriétés statiques*

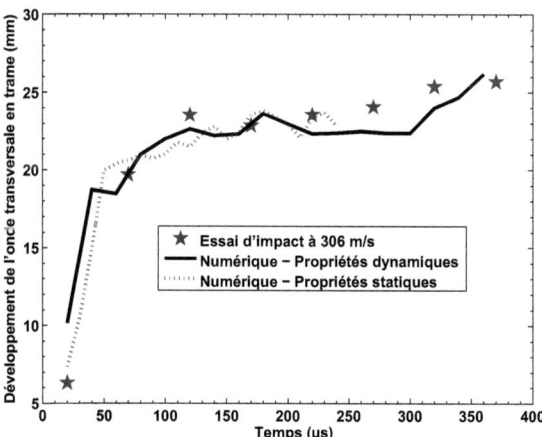

Figure 3.25 – *Comparaison dans le cas d'impact non perforation sur développement de l'onde transversale dans la direction de trame entre : Expérience, résultat numérique avec les propriétés dynamiques et résultat numérique avec les propriétés statiques*

3.3.4.2 Impact avec perforation

La figure 3.26 illustre la comparaison entre les deux modèles numériques d'un impact à 400 m/s et des images prises par caméra sous une vue latérale. On note que l'instant exact de l'impact est difficile à cerner avec précision des données extraites de la caméra ultra-rapide, car le pas de temps est de 16 μs. Donc, nous calons les résultats numériques avec ceux expérimentaux pour obtenir un instant commun d'impact. Nous considérons cet instant comme la référence (0 μs). En général, nous observons que le projectile est complètement sorti de tissu à 70 μs pour le modèle utilisant les propriétés dynamiques et le test expérimental. Le projectile reste encore coincé entre les fils pour le modèle utilisant les propriétés statiques. Donc, à 120 μs, le projectile ne peut pas encore se déplacer aussi loin que celui des autres cas. La dimension de la pyramide de déformation dans le sens chaîne est également plus importante pour ce cas. La raison est que le projectile a plus de temps pour toucher le tissu.

La figure 3.27 indique l'impact à 400 m/s des deux modèles numériques et de l'expérience sous une vue en face derrière. Dans cette figure, les résultats numériques sont décrits sous la forme des contours de déplacement. Nous pouvons observer totalement le développement de la pyramide de déformation. De 0 μs à 70 μs, cette pyramide s'étend essentiellement dans le sens trame. La raison est que l'ondulation des fils de trame est significativement faible. Donc, ces fils sont plus faciles à déplacer suivant le projectile car ils ne sont pas encastrés. Ce déplacement conduit aux endommagements dans la zone proche des bords libres.

3 Confrontation expérience/simulation

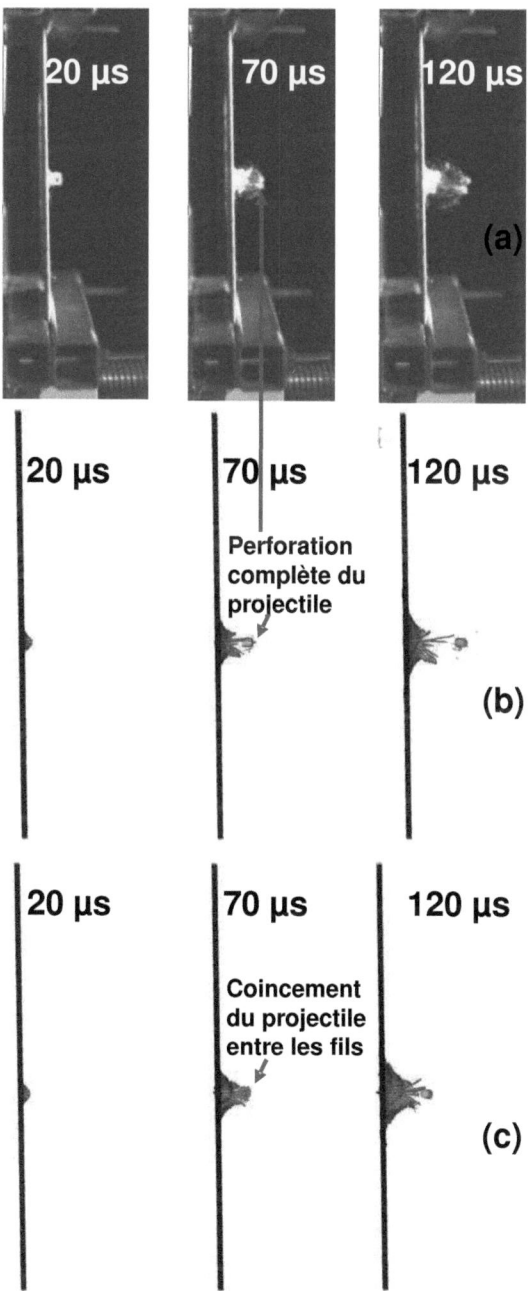

Figure 3.26 – *Comparaison avec une vue latérale de l'impact de 400 m/s entre : (a) Expérience ; (b) Résultat numérique avec les propriétés dynamiques ; (c) Résultat numérique avec les propriétés statiques*

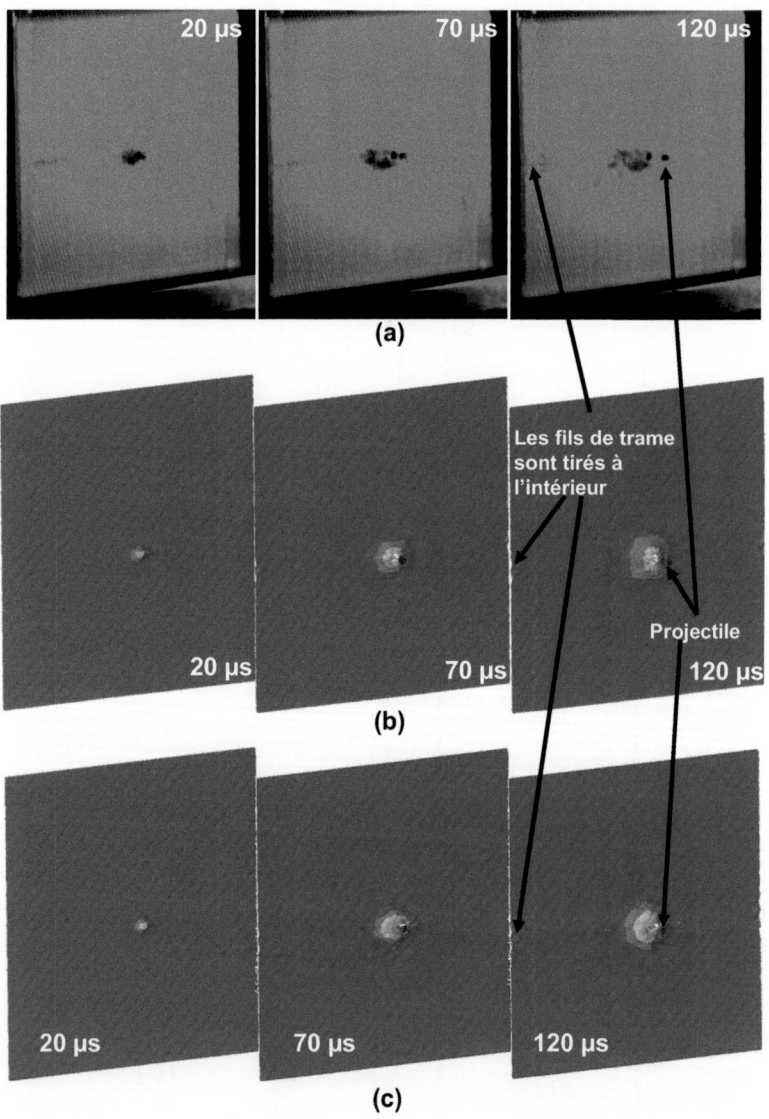

Figure 3.27 – Comparaison dans le cas d'impact 400 m/s avec une vue en face derrière entre : (a) Expérience ; (b) Résultat numérique avec les propriétés dynamiques ; (c) Résultat numérique avec les propriétés statiques

La figure 3.28 détaille l'évolution de la vitesse du projectile des deux modèles numériques et l'expérience dans le cas de l'impact à 400 m/s. Nous pouvons observer que les deux courbes associées successivement aux modèles utilisant les propriétés dynamique et statique sont identiques dans les premières 15 microsecondes. Après cette période, dans le cas avec les propriétés dynamiques, le projectile a pu traverser le tissu en cassant les fils et le projectile commence à décélérer lentement. La perforation se produit à 50 μs avec une vitesse résiduelle égale à 305 m/s proche de la valeur expérimentale (303 m/s). Dans le cas utilisant les propriétés statiques, la vitesse du projectile continue à diminuer après 15 μs, car le projectile reste encore coincé par quelques fils non cassés. En fait, avec une déformation à la rupture importante ($\varepsilon_R = 4,7$ % supérieure au cas dynamique où $\varepsilon_R = 2,21$ %), les fils semblent être plus difficiles à casser pour l'impact à 400 m/s, ce qui conduit à une vitesse résiduelle de 232 m/s, très faible par rapport à la valeur expérimentalement déterminée.

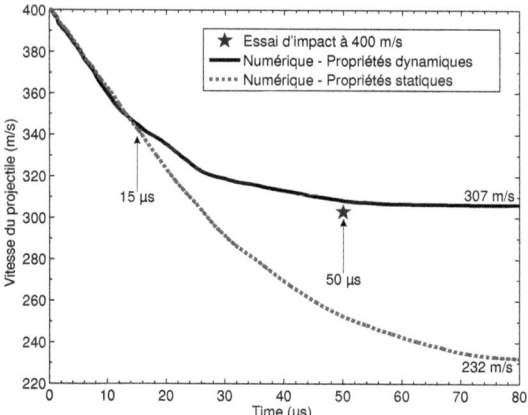

Figure 3.28 – Comparaison de l'évolution de la vitesse du projectile entre : l'expérience, le résultat numérique avec les propriétés dynamiques et résultat numérique avec les propriétés statiques

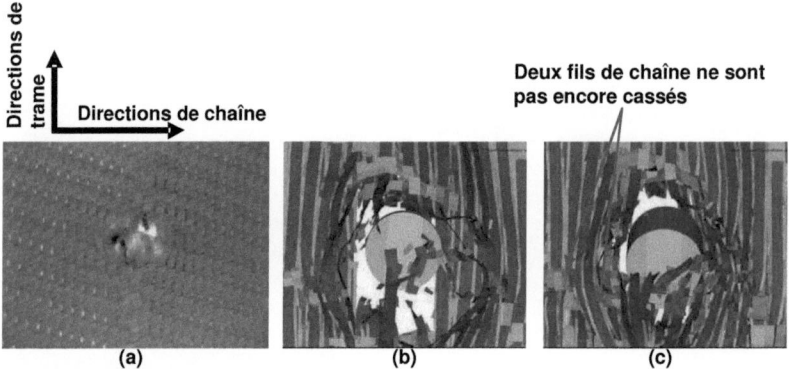

Figure 3.29 – Comparaison dans le cas d'impact à 400 m/s sur la configuration au point d'impact à 54 µs entre : (a) Expérience, (b) Résultat numérique avec les propriétés dynamiques, (c) Résultat numérique avec les propriétés statiques

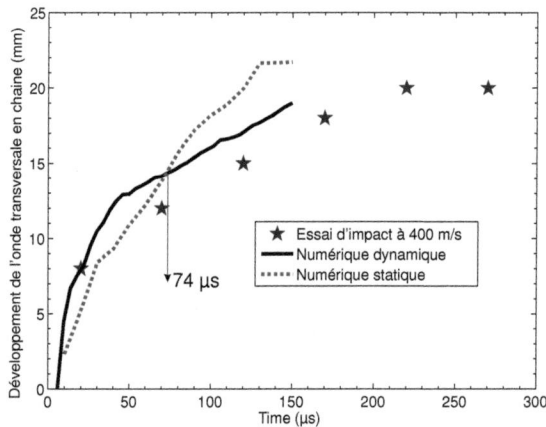

Figure 3.30 – Comparaison du développement de l'onde transversale dans la direction de chaîne entre : Expérience, résultat numérique avec les propriétés dynamiques et résultat numérique avec les propriétés statiques

3 Confrontation expérience/simulation

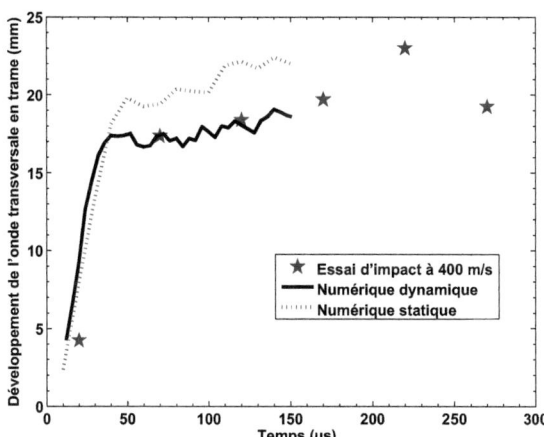

Figure 3.31 – *Comparaison du développement de l'onde transversale dans la direction de trame entre : Expérience, résultat numérique avec les propriétés dynamiques et résultat numérique avec les propriétés statiques*

La figure 3.29 illustre les configurations au point d'impact expérimental et des modèles numériques à 54 μs. La figure 3.29a indique que tous les fils primaires de chaîne et de trame sont cassés au point d'impact. Même si les fils de trame ne sont pas encastrés, ils sont toujours tenus par des entrecroisements avec les autres fils. Avec ces contraintes, un impact de grande vitesse peut les casser. Dans les figures 3.29b et c, nous observons la rupture de tous les fils primaires dans le cas du modèle utilisant les constantes dynamiques. Tandis que le projectile est encore empêché par deux fils de chaîne pour le cas utilisant les constantes statiques.

Les figures 3.30 et 3.31 indiquent les résultats numériques et expérimentaux relatifs à l'évolution de la formation de la pyramide dans les deux sens chaîne et trame. Globalement, on note que le modèle utilisant les propriétés dynamiques semble en accord avec les résultats expérimentaux pour les deux figures. Dans le cas du modèle numérique utilisant les constantes statiques, le développement de la pyramide est considérablement plus important à partir de 74 μs. Il est à noter que le projectile perfore le tissu à 50 μs environ pour l'essai expérimental et le modèle utilisant les constantes dynamiques. Donc, après 50 μs, la formation de la pyramide de déformation n'est plus supportée par le projectile pour ces deux cas. En revanche, pendant cette période, le projectile peut encore agir sur le sommet de la pyramide dans le cas des constantes statiques.

3.4 Synthèse

Dans ce chapitre, la technique expérimentale de traction statique du fil selon la norme ASTM D885-03, est présentée. La fixation par le biais des cylindres aux deux bords assure que le fil casse toujours au milieu. Les résultats des essais de traction statique révèlent que les fils Twaron 3360 Dtex et Kevlar 129 sont élastiques jusqu'à la rupture. Donc, en état statique, ces deux types de fil sont caractérisés par deux constantes de matériau : le module d'Young et la déformation à la rupture.

Une nouvelle technique de la traction dynamique du fil est proposée. Cette technique comporte deux éléments : le projectile et la porte projectile. Plusieurs campagnes d'essais ont été effectuées pour optimiser le système d'essai dynamique :
- Le matériau en aluminium est convenable pour le projectile et la porte projectile.
- Le fil doit être enroulé aux deux bords sur des cylindres associés.

Les résultats montrent que les propriétés mécaniques du fil sont considérablement différentes entre les états statique et dynamique. Si nous supposons que les fils sont toujours élastiques jusqu'à la rupture en état dynamique, le module d'élasticité dynamique est significativement plus élevé que celui statique. Une caméra ultrarapide est utilisée comme la méthode de suivi des déplacements et des phases de ruptures.

Les tests balistiques sur les tissus 3D d'interlock-angle-dans-l'épaisseur de 4 couches sont effectués. Les techniques avancées telles que : les écrans optiques et les caméras ultrarapides sont utilisées pour enregistrer les phénomènes se produisant pendant l'impact. Avec la méthode de fixation par le biais de cylindres, le glissement du tissu dans le cadre est minimisée, le sens physique des tests balistiques est assuré.

Le comportement à l'impact du tissu interlock étudié est caractérisé par la propagation des ondes longitudinales sur les fils et par le développement des ondes transversales en forme d'une pyramide de déformation. Avec ces tissus, les fils peuvent toujours casser dans le cas de la vitesse d'impact élevée même s'ils ne sont pas encastrés aux deux bords. Car, les tissus 3D possèdent des armures complexes qui renforcent l'entrecroisement entre les fils.

Un modèle numérique est établi pour comparer avec les résultats balistiques dans deux cas : perforation ($400\ m/s$) et non perforation ($306\ m/s$). Les deux propriétés mécaniques du fil en états statique et dynamique sont introduites dans le modèle numérique. Globalement, avec ces deux types de propriétés mécaniques du fil, le modèle numérique peut présenter les phases principales d'endommagement du tissu 3D à l'impact. Cependant, le modèle utilisant les propriétés dynamiques semble plus proche des résultats expérimentaux. La raison est qu'avec le module d'élasticité et la déformation à la rupture en état dynamique, le modèle possède une bonne prédiction sur la vitesse de propagation des ondes longitudinales et transversales qui influencent significativement le comportement et les phases de rupture du tissu 3D.

Chapitre 4

Approche analytique

> Dans ce chapitre, une approche analytique est développée en vue de prédire le comportement d'un tissu 2D soumis à l'impact balistique. Ce modèle est construit avec des hypothèses simplificatrices en utilisant le principe de la conservation de l'énergie. Il peut prédire l'évolution des phénomènes d'impact d'une façon continue. La validation du modèle est faite en comparant avec les résultats expérimentaux. Des études paramétriques sont élaborées et discutés.

Sommaire

- 4.1 Présentation du modèle analytique 136
- 4.2 Conditions de calcul 145
- 4.3 Résultats et discussions 145
    - 4.3.1 Validation du modèle analytique 145
    - 4.3.2 Prédiction continue des paramètres d'impact 147
    - 4.3.3 Effet de la distance entre les couches 149
    - 4.3.4 Effet de la taille de la cible 150
- 4.4 Synthèse 153

4.1 Présentation du modèle analytique

Généralement, les modèles analytiques issus de la littérature se limitent à des tissus 2D et exclusivement au calcul de la vitesse résiduelle ou de la limite balistique. Ces modèles n'autorisent pas une prédiction continue des champs mécaniques lors d'un impact. Les résultats des modèles analytiques sont validés par une confrontation avec les données expérimentales capables de fournir les déplacements, les vitesses et les déformations du projectile au moyen de caméras ultra-rapides.

Dans ce chapitre, un modèle analytique simple est proposé en vue prédire de façon continue la vitesse du projectile, l'évolution de la pyramide de déformation et l'énergie de déformation des fils du tissu 2D pendant l'impact. Ce modèle est fondé sur le principe de la conservation d'énergie. Il est bien connue qu'un tissu 2D soumis à l'impact balistique peut se décomposer en différents mécanismes d'absorption d'énergie principaux tels que :
- Formation d'une pyramide de déformation
- Déformation et rupture des fils primaires
- Déformation des fils secondaires
- Frottements entre les fils
- Frottement entre les fils et le projectile

A fin de simplifier le problème, dans notre modélisation, on formule cinq hypothèses, à savoir :
- **Hypothèse (1)** : Le projectile reste en contact avec les fils primaires. Cela signifie qu'aucun fil primaire ne glisse hors de la surface du projectile. Par conséquent, l'aire de contact fils primaires/projectile reste constante et est limitée par le diamètre du projectile (D_p). Cette hypothèse est bien adaptée aux projectiles de forme cylindrique à tête plate, mais aussi, aux FSPs (fragment-simulating projectiles). En revanche, elle n'est pas vérifiée pour les projectiles sphériques (cf. chapitre 1) ou à tête pointu ou ronde. De plus, d'après les observations faites sur nos tests balistiques, cette hypothèse devient incorrecte lorsque la vitesse d'impact est proche de la limite balistique des tissus.
- **Hypothèse (2)** : Tous les fils primaires d'une couche ont une même déformation à tout instant et ce de façon similaire au cas d'un impact transversal sur un seul fil. Cette déformation est également constante sur toute la partie du fil où l'onde de déformation longitudinale est passée.
- **Hypothèse (3)** : La déformation des fils secondaires est distribuée de façon linéaire en fonction de la distance entre la frontière de la zone des fils primaires ($\frac{D_p}{\sqrt{2}}$) et le front de l'onde transversale.
- **Hypothèse (4)** : Les énergies des frottements : couche/couche, fils/fils, fils/projectile sont négligeables.
- **Hypothèse (5)** : La propagation des ondes longitudinales apparaît uniquement sur les fils primaires. Les réflexions des ondes de déformation augmentent localement la déformation du fil au point d'impact pendant un interval de temps très court $t_{critique}$ après impact (Fig. 4.1).

Cette augmentation atteint la valeur maximale à l'instant $t_{critique}$, ensuite, l'effet des réflexions est dissipé par la structure du tissu jusqu'à atteindre la valeur zéro.

En effet, après le contact du projectile avec le tissu, une onde de déformation instantanée est créée et propagée sur les fils primaires qui sont en contact avec

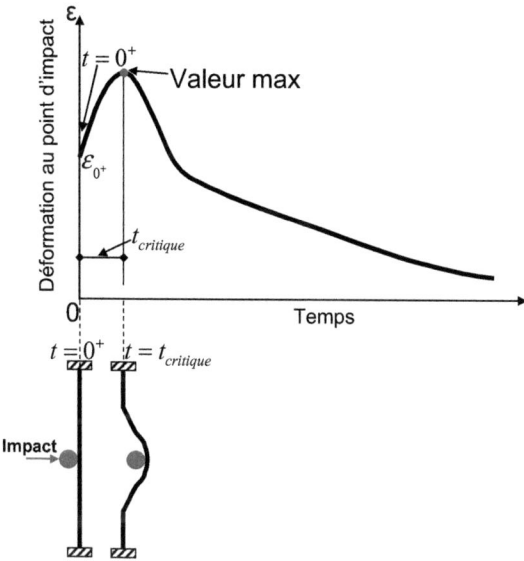

Figure 4.1 – Schéma de l'hypothèse de l'augmentation locale de la déformation au point d'impact à cause des réflexions des ondes

le projectile. Cette onde rencontre le point d'entrecroisement le plus proche et elle est y reflétée. L'onde de réflexion retournera au point d'impact pour créer le pic de déformation du fil (Fig. 4.2).

L'amplitude de l'onde de réflexion est déterminée par les coefficients de transmission et de réflexion. En général, il est noté que quand une onde de déformation f1 traverse une interface entre les deux matériaux différents M_1 et M_2 (Fig. 4.3), une onde f2 est transmise et une onde g1 est reflétée. Dans ce cas, le coefficient de transmission en amplitude t_{12} de l'onde f1 depuis M_1 vers M_2 est calculé par la relation suivante [Les88] :

$$t_{12} = \frac{2Z_1}{Z_1 + Z_2} \quad (4.1)$$

et le coefficient de réflexion en amplitude des ondes venant de M_1 sur l'interface, noté r, est déterminé par la relation suivante [Les88] :

$$r = \frac{Z_2 - Z_1}{Z_1 + Z_2} \quad (4.2)$$

Où Z_1 et Z_1 sont les impédances acoustiques de M_1 et M_2.
A partir de ces hypothèses, la valeur critique $t_{critique}$ est déterminée par la relation suivante :

$$t_{critique} = \frac{2 \times a}{c} \text{ avec } c = \sqrt{\frac{E}{\rho}} \quad (4.3)$$

Où a est la distance entre les fils ; E et ρ sont le module d'Young et la densité massique du fil ; c est la vitesse de l'onde de déformation longitudinale sur un fil.

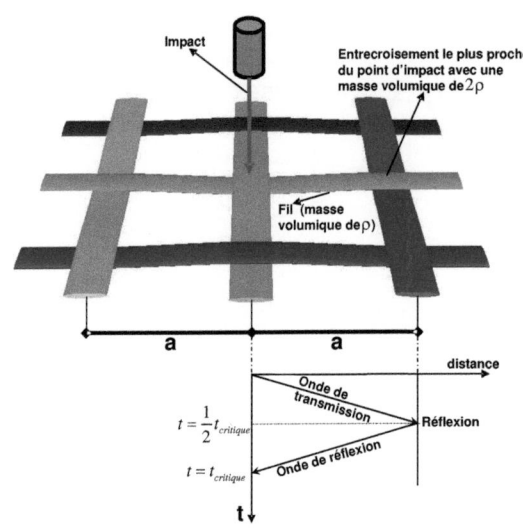

Figure 4.2 – Schématisation de la réflexion de l'onde de déformation longitudinale sur un fil primaire

Nous supposons que la densité massique du fil est doublée aux points d'entrecroisement. Donc, si l'impédance acoustique du fil $Z_1 = \sqrt{\rho E}$, alors, Z_2 égale à $\sqrt{2\rho E}$ aux points d'entrecroisement. Ainsi, dans ce cas, le coefficient de l'onde de réflexion r peut être déterminé à partir de l'équation 4.2 par :

$$r = \frac{\sqrt{2}-1}{\sqrt{2}+1} \qquad (4.4)$$

Du fait de la symétrie du système d'impact (Fig. 4.2), ce coefficient est doublé au point d'impact.

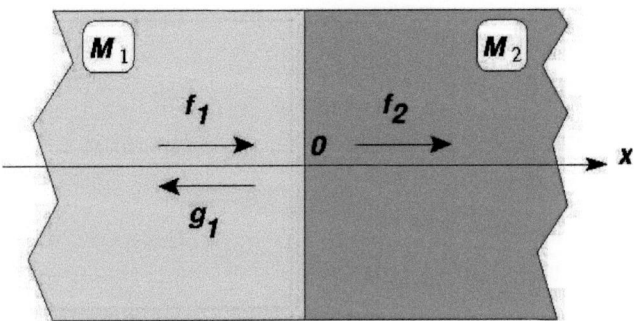

Figure 4.3 – Schéma de la transmission d'une onde de déformation à travers une interface entre deux matériaux M_1 et M_2

4 Approche analytique

En résumé, à l'instant $t_{critique}$ après l'impact, la déformation locale au point d'impact est brusquement augmentée par une quantité :

$$\Delta\varepsilon = k_\varepsilon .2.\frac{\sqrt{2}-1}{\sqrt{2}+1}\varepsilon_{0^+} \qquad (4.5)$$

où ε_{0^+} est la déformation instantanée du fil après impact (Fig. 4.1); k_ε est le coefficient pour prendre en compte la concentration des contraintes au point d'impact et l'interférence des ondes de déformation. Il est à noter que k_ε dépend entre autres, de la géométrie du projectile, le nombre de couches, la distance entre les couches.

Dans ces conditions, la modélisation proposée dans notre étude repose uniquement sur la prise en compte de trois mécanismes principaux d'absorption d'énergie, à savoir :
- L'énergie cinétique de la pyramide formée;
- La déformation et la rupture des fils primaires;
- La déformation des fils secondaires.

Lors d'un impact balistique, quand le projectile est en contact avec une nouvelle couche j (le j-ième impact), un échange d'énergie cinétique instantané se produit entre le projectile et cette couche (Fig. 4.4). La masse de la nouvelle couche en contact avec le projectile, m_t, est égale à $m_s.\pi.\frac{D_p^2}{4}$ où m_s est la masse surfacique d'une couche. A cet instant, le projectile apporte la masse des zones de contact des $(j-1)$ couches précédentes. Donc, la masse effective du projectile qui vient toucher la couche j à cet instant vaut : $M_p + (j-1).m_t$ où M_p est la masse du projectile.

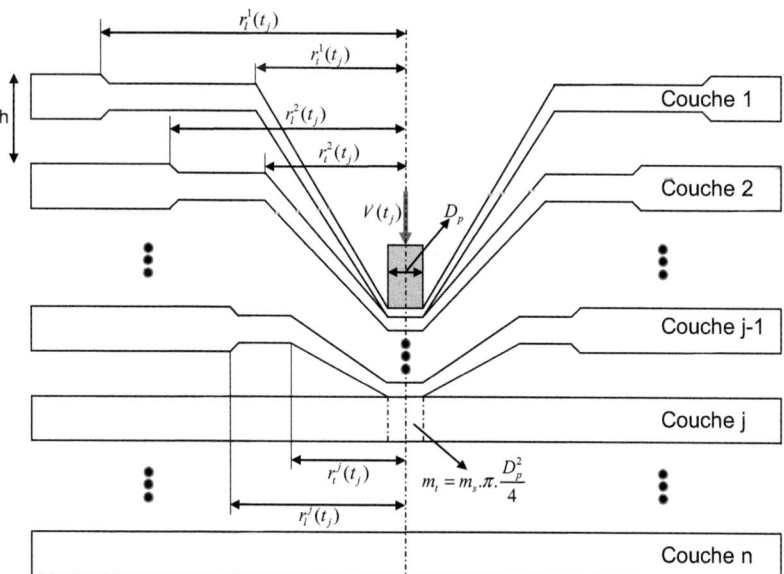

Figure 4.4 – Schéma de l'impact à l'instant t_j où la couche j commence à être impactée

Par conséquent, en utilisant la loi de conservation du mouvement, on a la relation entre les vitesses de projectile juste avant et après l'impact avec la couche j, entre l'instant $(t-\Delta t)$ et t qui peut s'écrire sous la forme :

$$(M_p + (j-1).m_t)\,v(t-\Delta t) = [(M_p + (j-1).m_t) + m_t]\,v(t) \tag{4.6}$$

L'équation 4.6 peut se réécrire sous la forme suivante :

$$(M_p + (j-1).m_t)\,v(t-\Delta t) = (M_p + j.m_t)\,v(t) \tag{4.7}$$

On pose $\Gamma = \frac{m_t}{M_p}$, à partir de l'équation 4.7, on peut déduire l'expression de la vitesse $v(t)$:

$$v(t) = \left(\frac{1+(j-1).\Gamma}{1+j.\Gamma}\right) v(t-\Delta t) \tag{4.8}$$

Dans le pas de temps entre l'instant $(t-\Delta t)$ et l'instant t, en utilisant la loi de conservation d'énergie, on a :

$$\frac{1}{2}(M_c(t)+M_p)\,v(t)^2 = \frac{1}{2}(M_c(t-\Delta t)+M_p)\,v(t-\Delta t)^2 - DE(t) \tag{4.9}$$

Où :
- $M_c(t), v(t)$ sont la masse de la partie du tissu sous la forme pyramide et la vitesse du projectile à l'instant t
- $M_c(t-\Delta t), v(t-\Delta t)$ sont leur valeurs associées à l'instant $(t-\Delta t)$
- DE(t) est la variation de l'énergie de la déformation des fils entre $(t-\Delta t)$ et t

La masse de la partie du tissu sous forme d'une pyramide du tissu $M_c(t)$ peut être décomposée en n couches :

$$M_c(t) = \sum_{j=1}^{n} m_c^j(t) \tag{4.10}$$

Où $m_c^j(t)$ est la masse de la couche j (Fig.4.5), qui est simplement calculée en se basant sur l'aire d'un cercle ayant un rayon de $r_t^j(t)$ et une masse surfacique d'une couche m_s. Donc, on détermine $m_c^j(t)$ par l'expression suivante

$$m_c^j(t) = k_{pc}.m_s.\pi r_t^j(t)^2 \tag{4.11}$$

Où $r_t^j(t)$ est le rayon du front de l'onde transversale sur la couche j à l'instant t ; k_{pc} est un coefficient de transmission pyramide et cone. Dans notre cas, k_{pc} est supposé égal à 0,9 [NS04].

Concernant la variation de l'énergie de déformation des fils entre les instants $(t-\Delta t)$ et t ; on peut la formuler par l'expression suivante :

$$\text{DE(t)} = \text{E}_{\text{def}}(t) - \text{E}_{\text{def}}(t-\Delta t) \tag{4.12}$$

Où $E_{def}(t), E_{def}(t-\Delta t)$ sont les énergies de déformation des fils à l'instant t et $(t-\Delta t)$.

L'énergie de déformation des fils est divisée en deux termes : l'énergie de déformation des fils primaires $E_{pri}(t)$ et l'énergie de déformation des fils secondaires $E_{sec}(t)$:

$$\text{E}_{\text{def}}(t) = \text{E}_{\text{pri}}(t) + \text{E}_{\text{sec}}(t) \tag{4.13}$$

4 Approche analytique

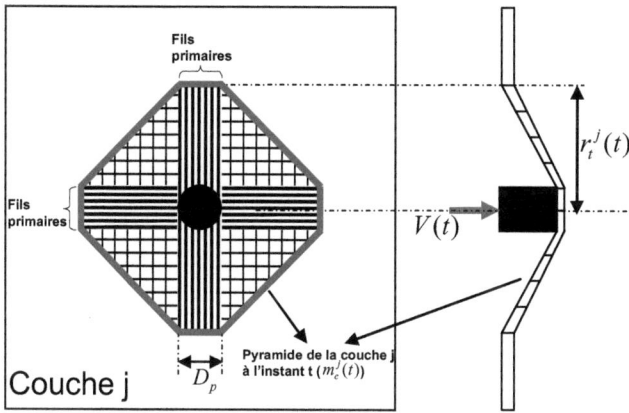

Figure 4.5 – *Pyramide de déformation de la couche j à l'instant t*

L'énergie de déformation des fils primaires est la somme des énergies de n couches :

$$E_{pri}(t) = \sum_{j=1}^{n} e_{pri}^{j}(t) \qquad (4.14)$$

où $e_{pri}^{j}(t)$ est l'énergie de déformation des fils primaires de la couche j à l'instant t.
D'autre part, l'énergie des fils secondaires est la somme des énergies de n couches :

$$E_{sec}(t) = \sum_{j=1}^{n} e_{sec}^{j}(t) \qquad (4.15)$$

Où $e_{sec}^{j}(t)$ est l'énergie de déformation des fils secondaires de la couche j à l'instant t.

En se basant sur l'hypothèse 2, l'énergie de déformation des fils primaires de la couche j à l'instant t, $e_{pri}^{j}(t)$, peut être calculée en prenant en compte :
- L'énergie volumique d'un fil primaire de la couche j à l'instant t : $E.\varepsilon_{pri}^{j}(t)^2$ où E est le module d'Young du fil et $\varepsilon_{pri}^{j}(t)$ est la déformation des fils primaires de la couche j à l'instant t.
- La volume de la partie déformée d'un fil primaire de la couche j à l'instant t : $S.r_l^j(t)$ où $r_l^j(t)$ est la coordonnée radiale de l'onde longitudinales sur la couche j à l'instant t (Fig. 4.6) et S est l'aire de la section transversale du fil.

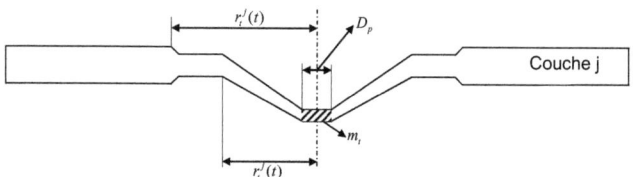

Figure 4.6 – *Configuration de la couche j à l'instant t*

– Le nombre des fils primaires de la couche j : $(2D_p.d_y)$ où d_y est la densité des fils dans les deux directions de chaîne et de trame (fils/m)

Cela conduit à une formulation de $e_{pri}^j(t)$ par l'expression suivante :

$$e_{pri}^j(t) = E.\varepsilon_{pri}^j(t)^2.S.r_l^j(t).(2D_p.d_y) \qquad (4.16)$$

La figure 4.7 illustre l'incrément volumique de la zone des fils secondaires qui comportent 4 arcs avec l'épaisseur entre r et $r+dr$. A l'instant t, si la déformation d'un point dans cet incrément est $\varepsilon_{sec}^j(t)$, l'énergie volumique de déformation à ce point, $ev_{sec}^j(t)$, est déterminée par la formulation suivante :

$$ev_{sec}^j(t) = \int_0^{\varepsilon_{sec}^j(t)} \sigma_{sec}^j(\varepsilon_{sec}^j) d\varepsilon_{sec}^j \qquad (4.17)$$

Donc, l'énergie de déformation des fils secondaires de cet incrément peut s'écrire sous la forme suivante :

$$de_{sec}^j(t) = \int_0^{\varepsilon_{sec}^j(t)} \sigma_{sec}^j(\varepsilon_{sec}^j) d\varepsilon_{sec}^j).dV \qquad (4.18)$$

Il est à noter que l'hypothèse 3 limite la zone de déformation des fils secondaires dans la couche j entre les rayons $\frac{D_p}{\sqrt{2}}$ et $r_t^j(t)$. Donc, l'énergie de déformation des fils secondaires de la couche j à l'instant t, $e_{sec}^j(t)$, est déterminée par la relation suivante :

$$e_{sec}^j(t) = \int_{D_p/\sqrt{2}}^{r_t^j(t)} (\int_0^{\varepsilon_{sec}^j(t)} \sigma_{sec}^j(\varepsilon_{sec}^j) d\varepsilon_{sec}^j).dV \qquad (4.19)$$

avec $r_t^j(t)$, $\varepsilon_{sec}^j(t)$: la coordonnée radiale du front de l'onde transversale et la déformation des fils secondaires sur la couche j à l'instant t ; $\sigma_{sec}^j(\varepsilon_{sec}^j)$ est la contrainte des fils secondaires qui dépend de la déformation de ces fils sur la couche j ; dV est l'incrément de volume d'un élément circulaire des fils secondaires sur la couche j (Fig. 4.7). Cet élément est limité par deux cercles qui ont des rayons : r et $(r+dr)$ (Fig. 4.7).

L'incrément de volume de la zone des fils secondaires entre r et $(r+dr)$ est déterminé par la relation :

$$dV = e_r.\left\{2\pi r - 8r\sin^{-1}(\frac{D_p}{2r})\right\} dr \qquad (4.20)$$

où e_r est l'épaisseur "effectif" des matériaux fibreux dans une unité de la surface d'une couche. La raison est que le tissu est un matériau poreux, l'épaisseur "effectif", e_r, est déterminé par la formulation suivante :

$$e_r = \frac{m_s}{\rho} \qquad (4.21)$$

où m_s est la masse surfacique d'une couche et ρ est la masse volumique d'un fil. Ainsi, l'équation 4.19 peut être réécrite sous la forme suivante :

$$e_{sec}^j(t) = \int_{D_p/\sqrt{2}}^{r_t^j(t)} (\int_0^{\varepsilon_{sec}^j(t)} \sigma_{sec}^j(\varepsilon_{sec}^j) d\varepsilon_{sec}^j).e_r.\left\{2\pi r - 8r\sin^{-1}(\frac{D_p}{2r})\right\} dr \qquad (4.22)$$

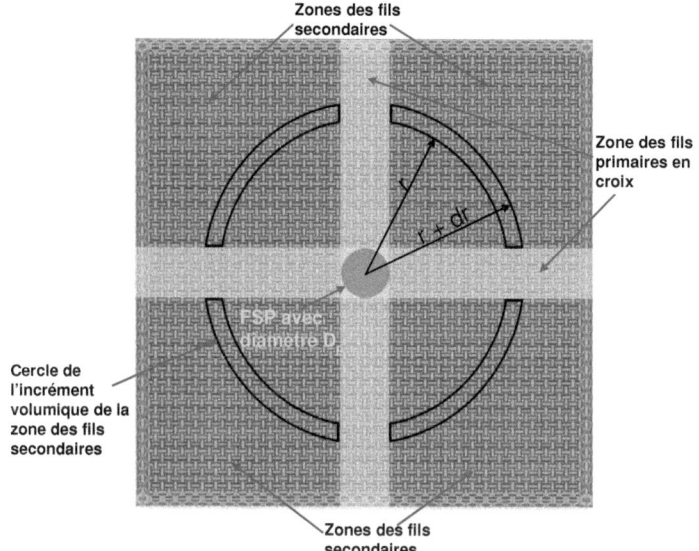

Figure 4.7 – Schéma des zones des fils primaires et secondaires dans le cas d'impact du FSP sur le tissu

En s'appuyant sur l'hypothèse (3), on peut expliciter deux conditions aux limites :

$$\varepsilon_{sec}^j(t) = \varepsilon_{pri}^j(t) \text{ qui correspond à } r = D_p/\sqrt{2} \quad (4.23)$$

$$\varepsilon_{sec}^j(t) = 0 \text{ qui correspond à } r = r_t^j(t) \quad (4.24)$$

Il est à noter que la déformation des fils secondaires de la couche à l'instant t, $\varepsilon_{sec}^j(t)$ varie de manière linéaire entre $D_p/\sqrt{2}$ et $r_t^j(t)$. A partir de ces deux conditions aux limites, on peut formuler la déformation $\varepsilon_{sec}^j(t)$ pour le cas $D_p/\sqrt{2} < r < r_t^j(t)$ par l'expression suivante :

$$\varepsilon_{sec}^j(t) = \frac{r - D_p/\sqrt{2}}{r_t^j(t) - D_p/\sqrt{2}} \varepsilon_{pri}^j(t) = \frac{\sqrt{2}r - D_p}{\sqrt{2}r_t^j(t) - D_p} \varepsilon_{pri}^j(t) \quad (4.25)$$

Les coordonnées des fronts des ondes transversales et longitudinales sur la couche j sont calculées dans un pas de temps comme suit :

$$r_l^j(t) = r_l^j(t - \Delta t) + c.\Delta t \quad (4.26)$$

$$r_t^j(t) = r_t^j(t - \Delta t) + u_t^j(t).\Delta t \quad (4.27)$$

avec $r_t^j(0) = r_l^j(0) = \frac{D_p}{2}$, où $u_t^j(t)$ est la vitesse de l'onde transversale sur la couche j à l'instant t.

4 Approche analytique

En se basant sur le cas de l'impact transversal sur un fil, $u_t^j(t)$ est déterminé par la formulation suivante (voir le chapitre 1) :

$$u_t^j(t) = k_u.c. \left[\sqrt{\varepsilon_{pri}^j(t) \left(\varepsilon_{pri}^j(t) + 1 \right)} - \varepsilon_{pri}^j(t) \right] \qquad (4.28)$$

Où k_u est un coefficient pour prendre en compte l'ondulation des fils et des interactions entre les fils. Dans notre cas, k_u est supposé égal à 0,7. La vitesse de l'onde longitudinale sur un fil dans le tissu c, doit être déterminée par $c = \sqrt{E/2\rho}$ au lieu de $c = \sqrt{E/2}$ pour prendre en compte l'aire de la section transversale augmentée à cause des entrecroisements [ML10].

En général, il est à noter que pour déterminer d'autres paramètres cités ci-dessus, il est nécessaire de connaître la déformation des fils primaires des couches $\varepsilon_{pri}^j(t)$ avec $j = \overline{1,n}$. D'après la théorie de Smith et al. [SMS58], lorsque $r_t^j(t - \Delta t) < \frac{l}{2}$ (l : la taille de la cible), $\varepsilon_{pri}^j(t)$ est solution de l'équation :

$$V = c\sqrt{\varepsilon(2\sqrt{\varepsilon(\varepsilon + 1)} - \varepsilon)} \qquad (4.29)$$

Quand $r_t^j(t - \Delta t) \geq \frac{l}{2}$, la configuration des fils primaires de la couche j, de $(t - \Delta t)$ à t est illustrée comme dans la figure 4.8.

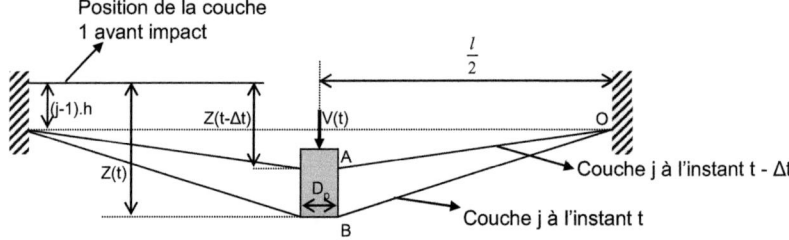

Figure 4.8 – *Configuration des fils primaires de la couche j entre t - Δt et t dans le cas $r_t^j(t - \Delta t) \geq \frac{l}{2}$*

Par rapport à l'instant $(t - \Delta t)$, la déformation des fils primaires à l'instant t est augmentée de la quantité :

$$\Delta \varepsilon = \frac{OB - OA}{l/2} \qquad (4.30)$$

Donc, à partir de la géométrie de la figure 4.8, nous pouvons déterminer la déformation des fils primaires à l'instant t de la couche j dans le cas où l'onde transversale sur cette couche atteint le bord par l'expression suivante :

$$\varepsilon_{pri}^j(t) = \varepsilon_{pri}^j(t - \Delta t) + \frac{\sqrt{(z(t) - (j-1).h)^2 + \left(\frac{l - D_p}{2}\right)^2} - \sqrt{(z(t - \Delta t) - (j-1).h)^2 + \left(\frac{l - D_p}{2}\right)^2}}{\frac{l}{2}} \qquad (4.31)$$

où l est la taille du tissu ; $z(t)$ est le déplacement du projectile à l'instant t :

$$z(t) = z(t - \Delta t) + v(t - \Delta t).\Delta t \text{ avec } z(0) = 0 \qquad (4.32)$$

4 Approche analytique

Enfin, dans un pas de temps, une fois les grandeurs physiques $M_c(t)$ et $DE(t)$ déterminées et en considérant l'équation 4.6, on peut calculer la vitesse actuelle du projectile par le système des équations suivantes :

$$v(t) = \sqrt{\frac{(M_c(t-\Delta t)+M_p)\,v(t-\Delta t)^2 - 2DE(t)}{(M_c(t)+M_p)}} \quad \text{si} : (M_c(t-\Delta t)+M_p)\,v(t-\Delta t)^2 \geq 2DE(t)$$
(4.33)

ou bien :

$$v(t) = -\sqrt{\frac{2DE(t) - (M_c(t-\Delta t)+M_p)\,v(t-\Delta t)^2}{(M_c(t)+M_p)}} \quad \text{si} : (M_c(t-\Delta t)+M_p)\,v(t-\Delta t)^2 < 2DE(t)$$
(4.34)

Il est à noter ici que les équations 4.33 et 4.33 permettent la détermination de l'évolution de la vitesse du projectile en fonction du temps, la vitesse résiduelle ainsi que la limite balistique V50.

4.2 Conditions de calcul

Le matériau utilisé est un tissu 2D toile Style 745S de $30,5 \times 30,5 cm$. Les fils sont composés de centaines de fibres individuelles Kevlar®29. La densité est de 6,7 fils/cm pour les deux directions chaîne et trame (soit une distance de 1,75 mm entre les fils). Dans cette étude, la cible comporte dix couches avec une espace de 0,05 mm entre deux couches voisines. La masse surfacique de chaque couche est de 448 g/m^2 et l'épaisseur est de 0,05 cm. Donc l'épaisseur totale de cette cible est de 5,5 mm. Nous supposons un projectile FSP avec une masse égale 2,82 g et un diamètre de 7,62 mm qui impacte cette cible avec une vitesse de 375 m/s au point d'entrecroisement central. Le module d'Young et la déformation de rupture du fil sont de 96 GPa et de 3 % respectivement. Dans ce cas particulier, la cible est composée de 10 couches avec un projectile FSP, la valeur de k_ε est pris égal à 1,8.

4.3 Résultats et discussions

4.3.1 Validation du modèle analytique

Un algorithme a été établi pour réaliser les calculs des différentes quantités du modèle analytique. Il est à noter que toutes les quantités à un instant (t) peuvent être déterminées à partir de la vitesse du projectile à l'instant $(t-\Delta t)$. Donc, le pas de temps doit être choisi suffisamment faible tels quel les résultats ne varient pas brusquement. Une méthode d'itération quelconque est appliquée afin d'atteindre un pas de temps optimal pour la vitesse d'impact étudiée.

La figure 4.9 compare le modèle analytique avec les résultats expérimentaux en termes de l'évolution de la pyramide de déformation définie par : une largeur (L) et une hauteur (H). Il est à noter qu'une des caractéristiques du comportement d'impact du tissu est une formation d'une pyramide de déformation. Dans la théorie des ondes, cette pyramide correspond au développement des ondes transversales schématisée par la figure 4.9a.

En utilisant les équations 4.27 et 4.32, on peut calculer les dimensions de la pyramide, à savoir :

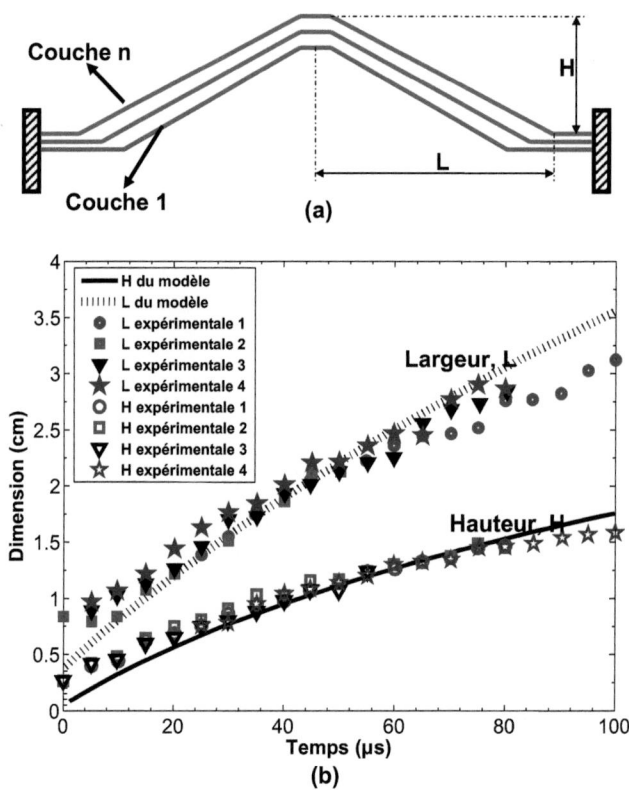

Figure 4.9 – (a) Schéma de la pyramide de déformation pendant l'impact ; (b) Validation du modèle analytique par rapport au modèle numérique et aux points expérimentaux sur : l'évolution de la largeur de la pyramide et sa hauteur

- $r_t^n(t)$ correspondant à la largeur de la pyramide, L
- $z(t) + n.h$ où h est la distance entre les couches correspondant à la hauteur de la pyramide, H

Globalement, le modèle analytique décrit correctement les évolutions des dimensions de la pyramide de déformation comme illustré par la figure 4.9b. Ces graphes montrent une bon concordance entre les résultats du modèle analytique et les données expérimentales.

D'autre part, les équations 4.33 et 4.34 permettent de déterminer l'évolution de la vitesse en fonction du temps, pour différentes valeurs de la vitesse initiale d'impact $v(0)$. En réalisant plusieurs configurations de calculs, en faisant varier $v(0)$, on obtient deux types de résultats :
- Cas de perforation : existence d'une vitesse résiduelle V_R positive
- Cas de non-perforation : vitesse résiduelle négative

Ce dernier cas permet de déterminer la vitesse limite de perforation notée V_{50}. Dans notre cas, cette vitesse est égale à 440 m/s ($\pm 2 m/s$). Cette valeur appartient à l'intervalle mesurée expérimentalement : $420 \pm 39 m/s$ selon [CFK+10].

La limite balistique trouvée est légèrement supérieure à la valeur expérimentale moyenne de 420 m/s. En effet, le modèle analytique utilise des hypothèses simplificatrices : l'ondulation des fils est négligeable ; le nombre des fils primaires est constant. Ce qui surestime la valeur de la limite balistique d tissu.

D'autre part, dans le modèle analytique, l'évolution de la hauteur de la pyramide est légèrement sous-estimé pour la période entre 0 μs et 50 μs. En effet, l'ondulation des fils n'est pas prise en compte dans le modèle analytique, le processus "de-crimping" n'est pas décrit. Il est à noter que pendant le "de-crimping", la résistance des fils au projectile est presque négligeable. Donc, un pic de 0,25 cm environ est expérimentalement mesuré pour le sommet de la pyramide à l'instant 0 μs.

Par ailleurs, le modèle analytique décrit bien l'évolution de la largeur de la pyramide entre 0 et 80 μs. Pourtant, entre 80 μs et 100 μs, il semble que le modèle analytique prévoit des valeurs surestimées. Il est possible que le coefficient k_u qui prend en compte l'influence du tissage sur la vitesse de l'onde transversale peut varier en fonction du temps.

4.3.2 Prédiction continue des paramètres d'impact

Les figures 4.10 et 4.11 illustrent les résultats du modèle analytique pour une vitesse d'impact initiale de 375 m/s. La vitesse du projectile et les différentes énergies sont déterminées en continue en fonction du temps. Ceci constitue un point fort du modèle par rapport à ceux proposés dans la littérature.

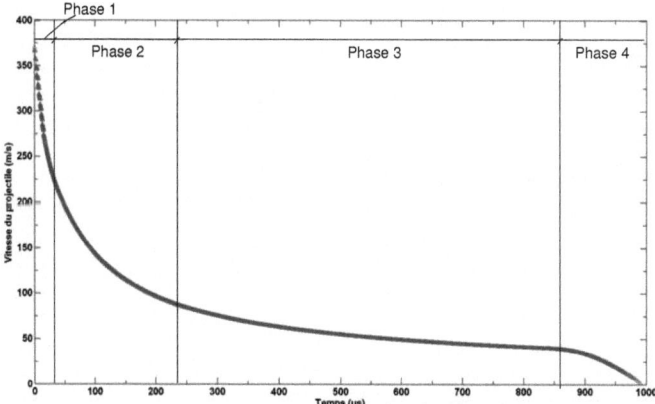

Figure 4.10 – Résultat du modèle analytique sur l'évolution continue de la vitesse du projectile pour le cas d'impact de 375 m/s

L'évolution de la pénétration du projectile peut être divisée en 4 phases principales (Figs. 4.10, 4.11) :
- Phase 1 (de 0 μs à 30 μs) : dans cette phase, la vitesse diminue fortement pendant un temps court (150 m/s pour 30 μs environ). La raison est que l'énergie cinétique de la pyramide et l'énergie de déformation des fils primaires

4 Approche analytique

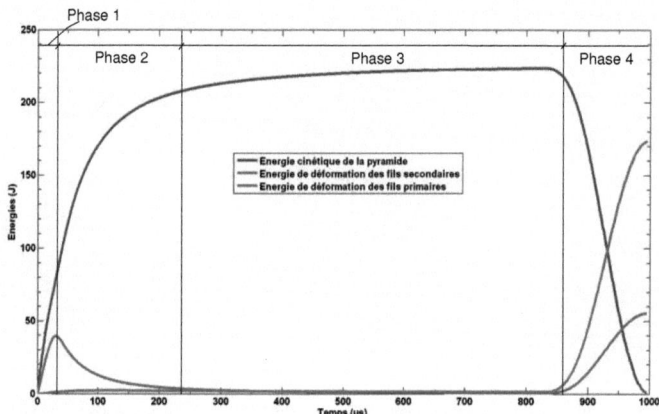

Figure 4.11 – Résultat du modèle analytique sur l'évolution continue des différentes énergies pour une vitesse d'impact de 375 m/s

augmentent rapidement tout en tendant à stopper le projectile. En effet, dans cette phase, la vitesse du projectile reste encore très élevée, donc les processus ont lieu très vite. L'onde transversale n'a pas encore le temps de se propager de sorte que la contribution de l'énergie de déformation des fils secondaires est négligeable.

– Phase 2 (de 30 μs à 235 μs) : dans cette période, l'énergie de déformation des fils primaires diminue tandis que l'énergie de déformation des fils secondaires augmente de 0 J jusqu'à la valeur de 2 J et semble ensuite se stabiliser. L'énergie cinétique de la pyramide de déformation continue à augmenter, mais plus légèrement que lors de la phase précédente. L'onde transversale a pu se propager à une distance considérable lors de cette phase. Cela fait augmenter le nombre des fils secondaires déformés. La zone de la pyramide est donc aussi développée. Par d'ailleurs, l'onde longitudinale a atteint le bord, l'énergie de déformation des fils primaires commence à diminuer avec la vitesse du projectile.

– Phase 3 (de 235 μs à 850 μs) : c'est la phase la plus longue. L'énergie cinétique de la pyramide continue à augmenter légèrement car sa dimension est élargie par la propagation de l'onde transversale. Il est à noter que cette pyramide a la même vitesse que le projectile. Dans cette phase, les énergies de déformation des fils primaires et des fils secondaires semblent ne pas varier car seule l'énergie cinétique de la pyramide est suffisante pour diminuer la vitesse du projectile.

– Phase 4 (de 850 μs à 990 μs) : dans cette phase, la dimension de la pyramide a atteint le bord de la cible. Donc, l'énergie cinétique de cette pyramide diminue avec la vitesse du projectile. En revanche, les énergies de déformation des fils primaires et des fils secondaires augmentent fortement. En effet, dans ce cas, la vitesse du projectile n'est plus élevée et la dimension de la pyramide est stabilisée. Cette configuration revient au cas d'une pénétration statique sur le tissu. Une déformation constante le long des fils primaires (la tension) augmente pour empêcher cette pénétration. La déformation des fils primaires conduit à celle des fils secondaires. Il est à noter que les fils secondaires sont plus nombreux que les primaires et contribuent majoritairement à l'énergie de déformation.

En résumé, pour une vitesse d'impact de 375 m/s (< la limite balistique), lors de la phase 1, l'énergie cinétique de la pyramide et l'énergie de déformation des fils primaires contribuent principalement à stopper le projectile. Dans les phases 2 et 3, seul le développement de la pyramide de déformation est le mécanisme principal de l'absorption d'énergie. Dans la dernière phase, l'énergie de déformation des fils est prépondérante.

4.3.3 Effet de la distance entre les couches

Il est à noter qu'il existe un échange de la quantité de mouvement quand le projectile atteint une nouvelle couche pendant la pénétration. Cet échange est décrit dans l'équation 4.8. Donc, le nombre d'échanges de la quantité de mouvement entre le projectile avec la cible pendant l'impact dépend de la distance entre les couches. Cela conduit à l'influence de la distance entre les couches à la performance balistique du tissu.

La figure 4.12 illustre la variation de la limite balistique de la cible de tissu 2D toile Style 745S en fonction de la distance entre les couches pouvant varier de 0 à 0,25 mm.

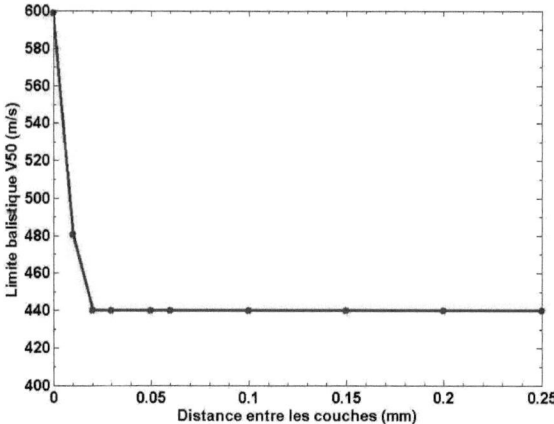

Figure 4.12 – *Variation de la limite balistique de la cible en fonction de différentes distances entre les couches*

Les calculs sont effectués en considérant une valeur du coefficient k_ε égal à 1,8 pour tous les cas étudiés. On observe cependant que lorsque la distance entre les couches est faible, la performance balistique est améliorée, ce qui correspond aux observations expérimentales. La figure 4.13 montre le pourcentage des couches perforées lorsque la vitesse d'impact balistique sur un tissu 2D toile Style 745S augmente de 390 m/s à 450 m/s. Globalement, le nombre de couches cassées augmente avec la vitesse d'impact dans les deux cas. Lorsque la vitesse d'impact est inférieure ou égale à 400 m/s, aucune couche n'est perforée. Toutes les couches sont cassées dans le cas où la vitesse d'impact est supérieure à 440 m/s avec une distance inter-couches égale à 2,75 mm. En revanche, quand la distance est égale à 0,0015 mm, le nombre des couches cassées est toujours de 50 % quelle que soit la vitesse de l'impact. Cette faible distance inter-couches augmente leur interaction et améliore performance balistique du tissu multicouche.

4.3.4 Effet de la taille de la cible

L'effet de la dimension de la cible sur la performance balistique du tissu 2D toile Style 745S encastré sur 4 côtés est présenté dans la figure 4.14. Cette figure indique que la taille de la cible joue un rôle important. La performance balistique augmente très fortement entre 50 mm et 150 mm. La vitesse limite balistique V50 augmente de 130 à 410 m/s lorsque les dimensions de la cible augmentent de 50 mm à 150 mm. En effet, dans ce cas, les ondes longitudinales et transversales peuvent atteindre rapidement le bord. Donc, la quantité du matériau contribuant à stopper le projectile augmente quand la taille de la cible est élargie et conduit à une amélioration de la limite balistique. Pour une taille de cible supérieure ou égale à 400 mm, la limite balistique ne varie plus et atteint une valeur limite de 450 m/s environ. Pour de telles vitesses d'impact, les ondes de déformation ont très peu de temps pour se propager vers les bords avant la fin du processus d'impact. La distance de propagation des ces ondes ne peut dépasser 400 mm. Ces résultats montrent qu'il existe une dimension optimale de la cible conduisant à une limite balistique maximale permettant.

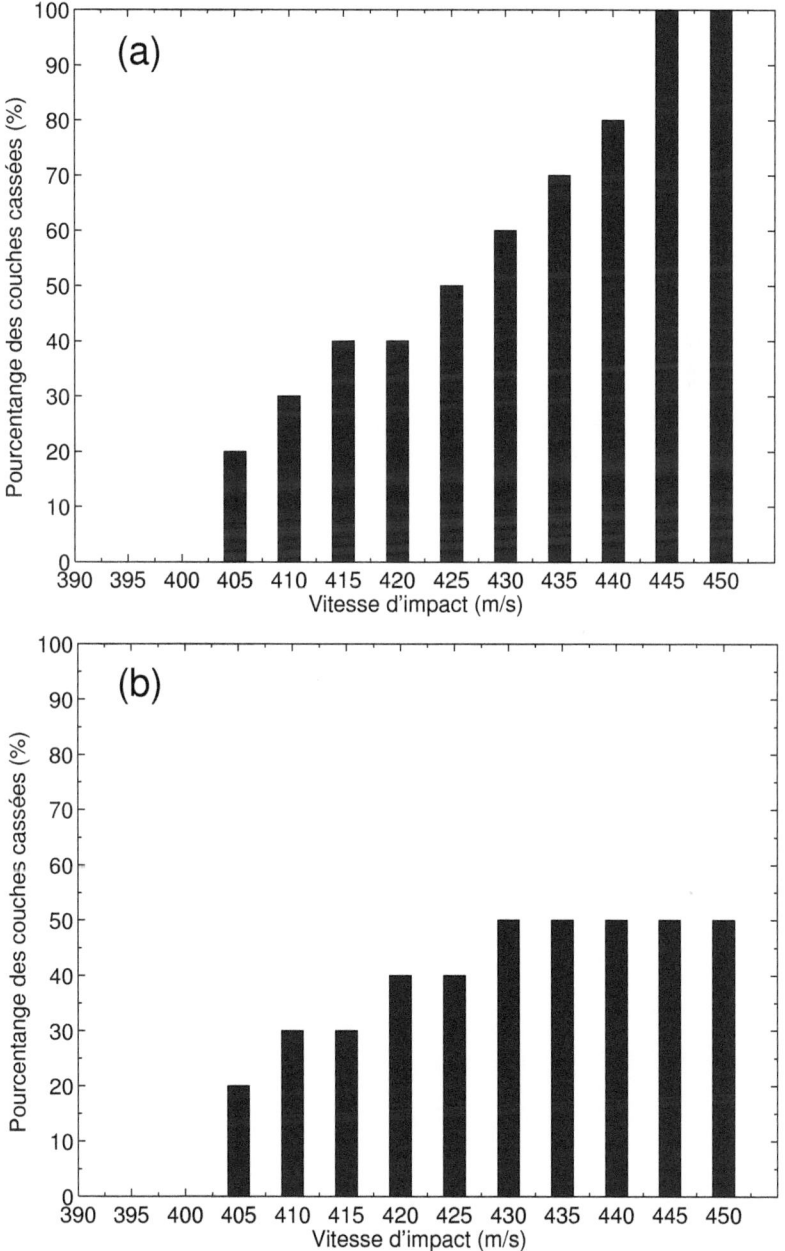

Figure 4.13 – *Pourcentage de couches perforées pour différentes vitesses d'impact avec une distance inter-couches de : (a) = 2,75 mm ; (b) = 0,0015 mm*

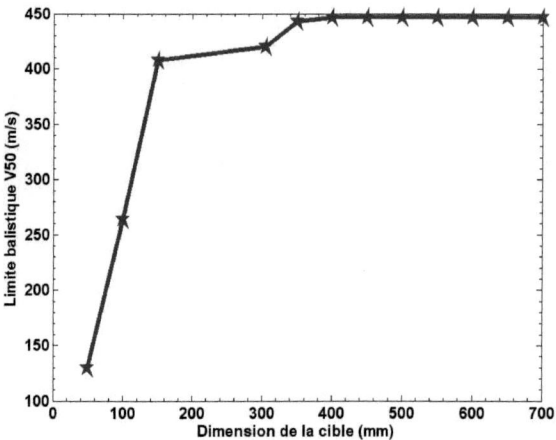

Figure 4.14 – *Effet de la taille de la cible sur la limite balistique du tissu 2D toile Style 745S*

4.4 Synthèse

Ce chapitre propose un modèle analytique qui permet de prédire d'une façon continue l'impact balistique sur un tissu 2D. Une considération simple de la réflexion des ondes est présentée dans ce modèle. Ce modèle est validé dans le cas de 10 couches Kevlar®29 denier avec les résultats expérimentaux sur le développement de la pyramide de déformation et la limite balistique. L'évolution continue des différentes énergies peut être déterminée par le modèle. Les résultats indiquent que l'énergie cinétique du tissu contribue considérablement à diminuer la vitesse du projectile. Le modèle montre aussi une augmentation de la limite balistique du tissu quand les propriétés dynamiques du fil sont incorporées. Globalement, ce modèle analytique permet une description correcte de plusieurs paramètres d'impact (vitesse, déplacement, énergies) d'une façon continue. Ce qui constitue un élément important de cette contribution. Mais, il faut noter que ce modèle utilise des coefficients tels k_u qui est liée à la propagation de l'onde transversale, k_ε qui prend en compte la concentration des contraintes au point d'impact et l'interférence des ondes de déformation. Il serait intéressant de vérifier la sensibilité de ce modèle à ces coefficients.

Conclusions générales et perspectives

Conclusions générales

A l'issue de notre travail réalisé dans le cadre de cette thèse, qui porte sur l'étude de l'impact balistique sur les tissus 2D et 3D à base de fils de haute performance, nous pouvons tirer les conclusions principales suivantes :

Sur le plan de la simulation numérique

- Dans cette étude, un modèle macroscopique simple a été proposé pour décrire les tissus 2D soumis à l'impact balistique. Ce modèle a permis de prédire sommairement les mécanismes d'impact en considérant des tissus 2D comme une plaque homogène. Pour les mécanismes plus délicats, un modèle mésoscopique avec des éléments coques a été développé. Ce modèle peut décrire les glissements des fils aux points d'entrecroisement d'une part et le comportement de chaque fil dans le tissu d'autre part.
- Par ailleurs, une combinaison entre les modèles macroscopiques et mésoscopiques a conduit au développement d'un modèle multi échelle. Avec un rapport convenable de superficie entre la zone mésoscopique et celle macroscopique, le modèle multi-échelle peut décrire correctement les phases d'endommagement principales. Cette modélisation permet un gain important de temps du calcul.
- Une étude paramétrique des propriétés transversales du fil a été également élaborée en utilisant une modélisation numérique mésoscopique :
  - Le coefficient de Poisson ν_{12} et le module d'élasticité transversal, E_{22}, n'influencent pas les résultats du modèle numérique.
  - Le module de cisaillement, G_{12}, affecte le comportement d'impact du fil et du tissu.
- Un outil numérique a été créé pour modéliser géométriquement des tissus 3D. Cet outil a été développé pour créer un modèle mésoscopique de ces tissus soumis à l'impact balistique. Ce modèle est validé avec succès par des résultats expérimentaux. Ce modèle permet également d'étudier les effets des frottements et des bords sur les tissus 3D soumis à l'impact balistique.

Sur le plan de l'approche analytique

- Un modèle analytique a été proposé et développé, il prend en compte les réflexions des ondes de déformation sur les fils pendant l'impact sur un tissu 2D. Ce modèle peut prédire l'évolution de plusieurs paramètres dérivant l'impact :

les dimensions de la pyramide de déformation et les énergies de déformation du tissu. L'originalité de ce modèle réside dans le fait de prédire d'une façon continue l'évolution de la vitesse d'impact sur un tissu ainsi que la limite balistique V50. Ce modèle a été validé avec succès en comparaison avec des résultats expérimentaux.

Sur le plan de l'approche expérimentale

- L'essais de traction statique sur des fils ont été élaborés. La méthode de fixation utilisant des cylindres a permis d'éviter le glissement du fil et la concentration des contraintes aux deux bords. Les résultats montrent un comportement linéaire en statique des fils qui peut être caractérisé par un module d'élasticité longitudinal (E), une contrainte à la rupture (σ_R) et une déformation à la rupture (ϵ_R).
- Cette étude propose une nouvelle technique permettant de réaliser des essais de traction dynamique sur un fil avec un taux de déformation de 225 s^{-1}. Les résultats montrent que la différence entre les propriétés mécaniques du fil en états statique et dynamique est considérable.
- Le comportement d'impact du tissu 3D a été étudié. L'impact du tissu est caractérisé par la rupture localisée au point d'impact, la propagation des ondes longitudinales et le développement de la pyramide de déformation.

Perspectives

Sur le plan numérique

- Pour les tissus 3D, un modèle mésoscopique a été construit. Ce modèle a permis de prédire correctement les phénomènes d'impact des tissus 3D avec plusieurs simplifications géométriques. Cependant, la différence considérable entre le modèle et la géométrie réelle des tissus 3D persiste. Une nouvelle technique pour la modélisation géométrique sera nécessaire afin de minimiser cette différence. Il serait intéressant de numériser le tissage pour avoir une géométrie réelle. Pour y parvenir, un recours à la technique de tomographie infrarouge semble nécessaire.

Sur le plan analytique

- Le modèle analytique mérite un développement en vue de prise en compte des effets de frottement fils/fils et projectile/fils. En plus, une analyse de sensibilité paramétrique est nécessaire.

Sur le plan expérimental

- Des équipements avancés tels que le radar et les barres lasers sont nécessaires dans la perspective d'améliorer le système expérimental de traction dynamique. Un système d'analyses des images de la caméra ultra-rapide devra permettre de mieux exploiter les quantités d'images en vue de cerner le comportement dynamique des fils.

– Les travaux de simulation numérique indiquent l'influence importante du module cisaillement du fil sur le comportement d'impact des tissus. Un développement à partir du système de traction dynamique sera intéressant pour déterminer le module de cisaillement du fil en état dynamique.

PUBLICATIONS

Publications

Articles

C. HA-MINH, F. BOUSSU, T. KANIT, D. CREPIN, A. IMAD
Analysis on failure mechanisms of an interlock woven fabric under ballistic impact
Engineering Failure Analysis, Volume 18, Issue 8, December 2011, Pages 2179-2187

C. HA-MINH, F. BOUSSU, T. KANIT, D. CREPIN, A. IMAD
Effect of yarns friction on the ballistic performance of a 3D warp interlock fabric : Numerical analysis
Applied composite materials, DOI : 10.1007/s10443-011-9202-2, 2011

C. HA-MINH, T. KANIT, F. BOUSSU, A. IMAD
Numerical multi-scale modeling for textile woven fabric against ballistic impact
Computational Materials Science 2011, 50(7) :2172-2184

Articles soumis

C. HA-MINH, T. KANIT, F. BOUSSU, A. IMAD
Numerical analysis of a ballistic impact on textile fabric
International Journal of Mechanical Sciences, submitted for publication, 2011

C. HA-MINH, F. BOUSSU, T. KANIT, D. CREPIN, A. IMAD
Numerical study on the effects of yarn mechanical transverse properties on the ballistic impact behavior of textile fabric
Composite Structures, submitted for publication, 2011

Conférences

C. HA-MINH, F. BOUSSU, K. THORAL PIERRE
KtexPattern : Numerical Tool for Textile Fabrics Subjected to Ballistic Impact
International Conference of Textile Composite, Texcomp10, October, 2010, Lille, FRANCE

C. HA-MINH, T. KANIT, F. BOUSSU, A. IMAD
Effects of the transverse mechanical properties of bundles on the ballistic impact onto textile fabric : Numerical modeling
19th DYMAT technical meeting, December 2010, Strasbourg, FRANCE

C. HA-MINH, F. BOUSSU, T. KANIT, D. CREPIN, A. IMAD
Damage mechanisms study of an interlock woven fabric subjected to ballistic impact : numerical analysis
2nd International Conference of Engineering Against Fracture (ICEAF II), 22-24 June 2011, Mykonos, GREECE

C. HA-MINH, F. BOUSSU, T. KANIT, D. CREPIN, A. IMAD
Effect of frictions on the ballistic performance of a 3D warp interlock fabric : Numerical analysis
26th International Symposium on Ballistics, 12-16 September 2011, Miami, Florida, USA

C. HA-MINH, F. BOUSSU, T. KANIT, D. CREPIN, A. IMAD
Experimental study on the ballistic impact behavior of a 3D warp interlock fabric
19th Annual International Conference on Composites/Nano Engineering, 24-30 Jully 2011, Shanghai, CHINA

Références bibliographiques

[BA07]　　　Rimantas Barauskas and Ausra Abraitiene. Computational analysis of impact of a bullet against the multilayer fabrics in ls-dyna. *International Journal of Impact Engineering*, 34 :1286–1305, 2007.

[Baz97]　　S. Bazhenov. Dissipation of energy by bulletproof aramid fabric. *Journal of Materials science*, 32 :4167–4173, 1997.

[BFJM10]　Provost B, Boussu F, Nussbaum J, and Lefebvre M. Use of new warp interlock structures against high velocity impact. In *Personal Armour Systems Symposium*, Canada, September, 2010.

[Bha06]　　Ashok Bhatnagar, editor. *Lightweight ballistic composites - Military and law-enforcement applications*. Woodhead Publishing Limited, Abington Hall, Abington, Cambridge CB1 6AH, England, 2006.

[BLB08]　　F. Boussu, X. Legrand, and C. Binetruy. General definition of warp interlock structures. In *Recent Advances in Textile Composites*, 2008.

[BM92]　　B.J. Briscoe and F. Motamedi. The ballistic impact characteristics of aramid fabrics : the influence of interface friction. *Wear*, 158(1-2) :229–247, 1992.

[Bou]　　　*Cours de tissage.*

[Bro97]　　I.F. Brown. *Abrasion and friction in parallel-lay rop terminations.* PhD thesis, University of Cambridge, 1997.

[Car99]　　D. J. Carr. Failure mechanisms of yarns subjected to ballistic impact. *Journal of materials science letters*, 18 :585–588, 1999.

[CBRSG97]　I.S. Chocron-Benloulo, J. RodriGuez, and V. Sanchez-Galvez. A simple analytical model to simulate textile fabric ballistic impact behavior. *Textile Research Journal*, 67(7) :520–528, 1997.

[CCW05]　　M. Cheng, W. Chen, and T. Weerasooriya. Mechanical properties of kevlarő km2 single fiber. *Journal of Engineering Materials and Technology*, 127 :197–203, 2005.

[CFK+10]　Sidney Chocron, Eleonora Figueroa, Nikki King, Trenton Kirchdoerfer, Arthur E. Nicholls, Erick Sagebiel, Carl Weiss, and Christopher J. Freitas. Modeling and validation of full fabric targets under ballistic impact. *Composites Science and Technology*, 70 :2012Ű2022, 2010.

[CHB96]　　F. Coman, L. Herszberg, and M. Bannister. Design and analysis of 3d woven preforms for composite structures. *Science and Engineering of Composite Materials*, 5(2) :83–96, 1996.

[Che02]　　C.H. Cheong. Effects of projectile geometry on the ballistic impact of high-strength fabric systems. Master's thesis, National University of Singapor, 2002.

[CL03]   Y.H. Ng C.T. Lim, V.P.W. Shim. Finite-element modeling of the ballistic impact of fabric armor. *International Journal of Impact Engineering*, 28 :13Ű31, 2003.

[Cra54]   J. W. Craggs. Wave motion in plastic-elastic strings. *Journal of the Mechanics and Physics of Solids*, 2 :286–295, 1954.

[Cun92]   P.M. Cunniff. An analysis of the system effects in woven fabrics under ballistic impact. *Textile Research Journal*, 62(9) :495–509, 1992.

[DKB+06]   Y. Duan, M. Keefe, T.A. Bogetti, B.A. Cheeseman, and B. Powers. A numerical investigation of the influence of friction on energy absorption by a high-strength fabric subjected to ballistic impact. *International Journal of Impact Engineering*, 32 :1299–1312, 2006.

[DKBP06]   Y. Duan, M. Keefe, T.A. Bogettic, and B. Powers. Finite element modeling of transverse impact on a ballistic fabric. *International Journal of Mechanical Sciences*, 48 :33Ű43, 2006.

[DKW+05a] Y Duan, M Keefe, ED Wetzel, TA Bogetti, B Powers, JE Kirkwood, and KM Kirkwood. Effects of friction on the ballistic performance of a high-strength fabric structure. In *Impact Loading of Lightweight Structures*, 2005.

[DKW+05b] Y. Duan, M. Keefe, E.D. Wetzel, T.A. Bogetti, B. Powers, J.E. Kirkwood, and K.M. Kirkwood. Effects of friction on the ballistic performance of a high-strength fabric structure. In *International Conference on Impact Loading of Lightweight Structure 2005, May 8Ű12, Forianopolis, Brazil*, 2005.

[DNB06]   B. Farsi Dooraki, J.A. Nemes, and M. Bolduc. Study of parameters affecting the strength of yarns. *J Phys IV France*, 134 :1183–1188, 2006.

[DY01]   X. Ding and H.L. Yi. Parametric representation of 3d woven structure. In *Proceedings of the 6th Asian Textile Conference (CD Version)*, 2001.

[GBH00]   A Gasser, P Boisse, and S Hanklar. Mechanical behaviour of dry fabric reinforcements. 3d simulations versus biaxial tests. *Computational Material Science*, 17 :7–20, 2000.

[GJ08]   B.A. Gama and J.W. Gillespie Jr. Punch shear based penetration model of ballistic impact of thick-section composites. *Composite Structures*, 86 :356–369, 2008.

[Gu03]   Bohong Gu. Analytical modeling for the ballistic perforation of planar plain-woven fabric target by projectile. *Composites Part B*, 34 :361–371, 2003.

[Gu04]   Bohong Gu. Ballistic penetration of conically cylindrical steel projectile into plain-woven fabric target - a finite element simulation. *Journal of Composite Materials*, 38 :2049–2074, 2004.

[Gu07]   B. Gu. A microstructure model for finite-element simulation of 3d rectangular braided composite under ballistic penetration. *Philosophical Magazine*, 87 :4643–4669, 2007.

[Hag04]   Benjamin Hagege. *Simulation du comportement mécanique des milieux fibreux en grandes transformations : Application aux renforts tricotes*. PhD thesis, Ecole nationale superieure des artes et metiers, 2004.

[HAG06]   Christiane EL HAGE. *Modélisation du comportement élastique endomamageable de matériaux composites à renfort tridimensionel*. PhD thesis, Université de Technologie Compiègne, 2006.

[HB05]   Gilles Hivet and Philippe Boisse. Consistent 3d geometrical model of fabric elementary cell. application to a meshing preprocessor for 3d finite element analysis. *Finite Elements in Analysis and Design*, 42 :25–49, 2005.

[HK05]   A. R. Horrocks and Dr B. K. Kandola. *Design and manufacture of textile composites*, chapter Flammability and fire resistance of composites, pages 330–363. Woodhead Publishing Limited, Abington Hall, Abington, Cambridge CB1 6AH, England, 2005.

[HM10]   Cuong Ha-Minh. A review of determining dynamic properties of ballistic yarns. Technical report, GEMTEX-ENSAIT Roubaix, France, 2010.

[HR89]   William Houghton and David Roylance. Improved flexible armor design. Technical report, U.S. army natick research, development and engineering center, 1989.

[HR06]   A. M. S. Hamouda and M. S. Risby. *Lightweight ballistic composites, Military and law-enforcement applications*, chapter Modeling ballistic impact, pages 101–126. Woodhead Publishing Limited, Abington Hall, Abington, Cambridge CB1 6AH, England, 2006.

[Hu08]   Jinlian Hu. *3-D fibrous assemblies, properties, applications and modelling of three-dimensional textile structures*. Woodhead Publishing Limited, Abington Hall, Abington, Cambridge CB1 6AH, England, 2008.

[IT04]   Ivelin Ivanov and Ala Tabiei. Loosely woven fabric model with viscoelastic crimped fibres for ballistic impact simulations. *International journal for numerical methods in engineering*, 61 :1565–1583, 2004.

[JK07]   Kiho Joo and Tae Jin Kang. Numerical analysis of multi-ply fabric impacts. *Textile research*, 77 :359–368, 2007.

[JK08]   Kiho Joo and Tae Jin Kang. Numerical analysis of energy absorption mechanism in multi-ply fabric impacts. *Textile Research Journal*, 78 :561–576, 2008.

[KKL+04a]   Keith M. Kirkwood, John E. Kirkwood, Young Sil Lee, Ronald G. Egres JR., Norman J. Wagner, and Eric D. Wetzel. Yarn pull-out as a mechanism for dissipating ballistic impact energy in kevlarő km-2 fabric : Part i : Quasi-static characterization of yarn pull-out. *Textile Research Journal*, 74 :920–928, 2004.

[KKL+04b]   Keith M. Kirkwood, John E. Kirkwood, Young Sil Lee, Ronald G. Egres JR., Norman J. Wagner, and Eric D. Wetzel. Yarn pull-out as a mechanism for dissipating ballistic impact energy in kevlarő km-2 fabric : Part ii : Predicting ballistic performance. *Textile Research Journal*, 74 :939–948, 2004.

[KST10]   A.C.P. Koh, V.P.W. Shim, and V.B.C. Tan. Dynamic behaviour of uhmwpe yarns and addressing impedance mismatch effects specimen clamps. *International Journal of Impact Engineering*, 37 :324–332, 2010.

[LCSK05]   C.S. Lee, S.W. Chung, H. Shin, and S.J. Kim. Virtual material characterization of three-dimensional orthogonal woven composite materials by large-scale computing. *Journal of Composite Materials*, 39(10) :851Ű863, 2005.

[Les88]   C. Lesueur, editor. *Rayonnement acoustique des structures*. Eyrolles, Paris, 1988.

[LG08]   Lihua Lv and Bohong Gu. Transverse impact damage and enery absorption of three-dimensional orthogonal hybrid woven composite : Experimental and fem simulation. *Journal of Composite Materials*, 42 :1763–1786, 2008.

[LTC02]   C.T. Lim, V.B.C. Tan, and C.H. Cheong. Perforation of high-strength double-ply fabric system by varying shaped projectiles. *International Journal of Impact Engineering*, 27 :577–591, 2002.

[LVR05a]   S. Lomov, I. Verpoest, and F. Robitaille. *Design and manufacture of textile composites*, chapter Manufacturing and internal geometry of textiles, pages 1–61. Woodhead Publishing Limited, Abington Hall, Abington, Cambridge CB1 6AH, England, 2005.

[LVR05b]   S. Lomov, I. Verpoest, and F. Robitaille. *Design and manufacture of textile composites*, volume 65, chapter Manufacturing and internal geometry of textiles, page 2563Ű2574. Woodhead Publishing Limited and CRC Press LLC, 2005.

[LWW03]   Y.S. Lee, E.D. Wetzel, and N.J. Wagner. The ballistic impact performance of kevlar woven fabric impregnated with a colloidal shear thickening fluid. *Journal of Materials Science*, 38(13) :2825Ű2833, 2003.

[LWWP01]   B.L. Lee, T.F. Walsh, S.T. Won, and H.M. Patts. Penetration failure mechanisms of armor-grade fiber composites under impact. *Journal of Composite Material*, 35(18) :1605–1633, 2001.

[Mai08]   Jerome Maillet. Protection balistique. Master's thesis, ENSAIT, 2008.

[ML10]   M. Mamivand and G.H. Liaghat. A model for ballistic impact on multi-layer fabric targets. *International Journal of Impact Engineering*, 37(7) :806–812, 2010.

[MSSS55]   Frank L. McCrackin, Herbert F. Schiefer, Jack C. Smith, and Walter K. Stone. Stress-strain relationships in yarns subjected to rapid impact loading : Part ii. breaking velocities, strain energies, and theory neglecting wave propagation. *Textile Research Journal*, 25 :529–534, 1955.

[NKJB08]   G. Nilakantan, M. Keefe, J. W. Gillespie JR., and T.A. Bogetti. Simulating the impact of multi-layer fabric targets using a multi-scale model and the finite element methode. In *Recent Advances in Textile Composites*, 2008.

[NS04] N.K. Naik and P. Shrirao. Composite structures under ballistic impact. *Composite Structures*, 66 :579–590, 2004.

[NSR06] N.K. Naik, P. Shrirao, and B.C.K. Reddy. Ballistic impact behaviour of woven fabric composites : Formulation. *International Journal of Impact Engineering*, 32 :1521–1552, 2006.

[PLHO95] B. Parga-Landa and F. Hernandez-Olivares. An analytical model to predict impact behavior of soft armors. *International Journal of Impact Engineering*, 16(3) :455–466, 1995.

[PLVHOC99] B. Parga-Landa, S. Vlegels, F. Hernandez-Olivares, and S.D. Clark. Analytical simulation of stress wave propagation in composite materials. *Composite Structures*, 45 :125–9, 1999.

[PP03] S. Leigh Phoenix and Pankaj K. Porwal. A new membrane model for the ballistic impact response and v50 performance of multiply fibrous systems. *International Journal of Solids and Structures*, 40 :6723Ü6765, 2003.

[PT00] G. P. Steven Ping Tan, Liyong Tong. Behavior of 3d orthogonal woven cfrp composites. part ii. fea and analytical modeling approaches. *Composites Part A : Applied Science and Manufacturing*, 31(3) :273–281, 2000.

[PWSS10] Ethan M. Parsons, Tusit Weerasooriya, Sai Sarva, and Simona Socrate. Impact of woven fabric : Experiments and mesostructure-based continuum-level simulations. *Journal of the Mechanics and Physics of Solids*, 58 :1995–2021, 2010.

[RCT+95] D. Roylance, P. Chammas, J. Ting, H. Chi, and B. Scott. Numerical modelingg of fabric impact. In *Procedings of the National Meeting of the American Society of Mechanical Engineers (ASME)*, 1995.

[RDK+09] M.P. Rao, Y. Duan, M. Keefe, B.M. Powers, and T.A. Bogetti. Modeling the effects of yarn material properties and friction on the ballistic impact of a plain-weave fabric. *Composite Structures*, 89 :556Ü566, 2009.

[RNK+09] M.P. Rao, G. Nilakantan, M. Keefe, B.M. Powers, and T.A. Bogetti. Global/local modeling of ballistic impact onto woven fabrics. *Composite Materials*, 43 :445–467, 2009.

[Roy73] David Roylance. Wave propagation in a viscoelastic fiber subjected to transverse impact. *Journal of applied mechanics*, 40 :143–147, 1973.

[Roy77a] David Roylance. Ballistics of transversely impacted fibers. *Textile research journal*, 47 :679–684, 1977.

[Roy77b] David Roylance. Numerical analysis of projectile impact in woven textile structures. Technical report, Massachusetts Institute of Technology, Cambridge, 1977.

[Roy80a] David Roylance. Stress wave damage in graphite/epoxy laminates. j compos mater 1980;14 :111Ü9. *Journal of Composite Materials*, 14 :111–9, 1980.

[Roy80b]   David Roylance. Stress wave propagation in fibres : effect of crossovers. *Fibre science and technology*, 13 :385–395, 1980.

[RsW78]   David Roylance and Su su Wang. Penetration mechanics of textile structures : Influence of non-linear viscoelastic relaxation. *Polymer engineering and science*, 18 :1068–1072, 1978.

[RW79]   David Roylance and Su-Su Wang. Penetration mechanics of textile structures. Technical report, Massachusetts inst of tech Cambridge, 1979.

[RWT73]   D. K. Roylance, A. F. Wilde, and G.C. Tocci. Ballistic impact of textile structures. *Textile Res. J.*, 43 :34–41, 1973.

[SCVP06]   A. Shahkarami, E. Cepus, R. Vaziri, and A. Poursartip. *Lightweight ballistic composites, Military and law-enforcement applications*, chapter Material responses to ballistic impact, pages 72–100. Woodhead Publishing Limited, Abington Hall, Abington, Cambridge CB1 6AH, England, 2006.

[SES99]   D.A. Shockey, D.C. Erlich, and J.W. Simons. Lightweight fragment barriers for commercial aircraft. In *18th International Symposium on Ballistics*, 1999.

[SES01]   D.A. Shockey, David C. Erlich, and Jeffer W. Simons. Improved barriers to turbine engine fragments : Interim report iii. Technical report, U.S. Department of Transportation, Federal Aviation Administration, Office of Aviation Research, 2001.

[She07]   Martin Sherburn. *Geometric and Mechanical Modelling of Textiles*. PhD thesis, The University of Nottingham, 2007.

[SL06]   J. W. Song and B. L. Lee. *Lightweight ballistic composites, Military and law-enforcement applications*, chapter Fabrics and composites for ballistic protection of personnel, pages 210–239. Woodhead Publishing Limited, Abington Hall, Abington, Cambridge CB1 6AH, England, 2006.

[SLF01]   VPW Shim, CT Lim, and KJ Foo. Dynamic mechanical properties of fabric armor. *International Journal of Impact Engineering*, 25 :1Ű15, 2001.

[SMS+56]   Jack C. Smith, Frank L. McCrackin, Herbert F. Schiefer, Walter K. Stone, and Kathryn M. Towne. Stress-strain relationships in yarns subjected to rapid impact loading : 4 transverse impact tests. *Journal of Research of the National Bureau of Standards*, 57(2) :83–89, 1956.

[SMS58]   J.C. Smith, F.L. McCrackin, and H.F. Scniefer. Stress-strain relationships in yarns subjected to rapid impact loading. part v. wave propagation in long textile yarns impacted transversely. *Text Res J*, 28(4) :288–302, 1958.

[SOK01]   K. Searles, G. Odegard, and M. Kumosa. Micro- and mesomechanics of 8-harness satin woven fabric composites : I - evaluation of elastic behavior. *Compos. A*, 32 :1627Ű1655, 2001.

[SSBT61]   Jack C. Smith, Paul J. Shouse, Josephine M. Blandford, and Kathryn M. Towne. Stress-strain relationships in yarns subjected to rapid impact loading : Part vii : Stress-strain curves and breaking-energy data for textile yarns. *Textile Research Journal*, 31 :721–734, 1961.

[SSF55] Walter K. Stone, Herbert F. Schiefer, and George Fox. Stress-strain relationships in yarns subjected to rapid impact loading : Part i : Equipment, testing procedure, and typical results 1,2. *Textile Research Journal*, 25 :520–528, 1955.

[STT95] V. P. W. SHIM, V. B. C. TAN, and T. E. TAY. Modelling deformation and damage characteristics of woven fabric under small projectile impact. *International Journal Impact Engineering*, 16(4) :585–605, 1995.

[TB06] T. Tam and A. Bhatnagar. *Lightweight ballistic composites, Military and law-enforcement applications*, chapter High performance ballistic fibers, pages 189–209. Woodhead Publishing Limited, Abington Hall, Abington, Cambridge CB1 6AH, England, 2006.

[Ter04] Yves Termonia. Impact resistance of woven fabrics. *Textile Research Journal*, 74(8) :2004, 2004.

[TJ91] P.S. Tung and S. Jayaraman. *High-Tech Fibrous Materials*, chapter Three Dimensional Multilayer Woven Preforms for Composites, pages 53–80. ACS Publisher, Washington, DC., 1991.

[TLC03] V.B.C. Tan, C.T. Lim, and C.H. Cheong. Perforation of high-strength fabric by projectiles of different geometry. *International Journal of Impact Engineering*, 28 :207Ű222, 2003.

[TS86] Yves Termonia and Paul Smith. Theoretical study of the ultimate mechanical properties of poly (p-phenyleneterephthalamide) fibres. *Polymer*, 27 :1845Ű1849, 1986.

[TSP08] D. Taylor, A.-F. M. SEYAM, and N. B. Powell. Three-dimensional woven composites for automotive applications. In *Recent Advances in Textile Composites*, 2008.

[TTCR98] C. Ting, J. Ting, P. Cunniff, and D. K. Roylance. Numerical characterization of the effects of transverse yarn interaction on textile ballistic response. In *Proceedings of the 30th International SAMPE Technical Conference*, 1998.

[TTSI00] Ping Tan, Liyong Tong, G. P. Steven, and Takashi Ishikawa. Behavior of 3d orthogonal woven cfrp composites. part i. experimental investigation. *Composites Part A : Applied Science and Manufacturing*, 31(3) :259–271, 2000.

[TTT05] V.B.C. Tan, T.E. Tay, and W.K. Teo. Strengthening fabric armour with silica colloidal suspensions. *Journal of Solids and Structures*, 42 :1561Ű1576, 2005.

[TZS08] V.B.C. Tan, X.S. Zeng, and V.P.W. Shim. Characterization and constitutive modeling of aramid fibers at high strain rates. *International Journal of Impact Engineering*, 35 :1303Ű1313, 2008.

[VL05] I. Verpoest and S.V. Lomov. Virtual textile composites software wisetex : Integration with micro-mechanical, permeability and structural analysis. *Composites Science and Technology*, 65 :2563–2574, 2005.

[Wag06]   L Wagner. *Lightweight ballistic composites, Military and law-enforcement applications*, chapter Introduction, pages 1–25. Woodhead Publishing Limited, Abington Hall, Abington, Cambridge CB1 6AH, England, 2006.

[Wan07]   Li-Lih Wang. *Foundations of Stress Waves*. Elsevier, 2007.

[WMS+10]   Youqi Wang, Yuyang Miao, Daniel Swenson, Bryan A. Cheeseman, Chian-Feng Yen, and Bruce LaMattina. Digital element approach for simulating impact and penetration of textiles. *International Journal of Impact Engineering*, 37 :552Ű560, 2010.

[WRCR70]   Anthony E. Wilde, John J. Ricca, Lonnie M. Cole, and Josehp M. Rogers. Dynamic response of a constrained fibrous system subjected to transverse impact. part i. transient responses and breaking energies of nylon yarns. Technical report, Army Materials and Mechanics Research Center, Watertown, Massachusetts 02172, 1970.

[WX98]   Y. Wang and Y. Xia. The effects of strain rate on the mechanical behaviour of kevlar fibre bundles : an experimental and theoretical study. *Composites Part A*, 29A :1411–1415, 1998.

[Xue06]   Zeng Xuesen. *Numerical analysis of fabric armour under ballistic impact*. PhD thesis, National University of Singapore, 2006.

[YD04]   H. L. Yi and X. Ding. Conventional approach on manufacturing 3d woven preforms used for composites. *Journal of Industrial Textiles*, 34 :39–50, 2004.

[Zhu84]   S. N. Zhurkov. Kinetic concept of the strength of solids. *International Journal of Fracture*, 26(4) :295–307, 1984.

[Zuk04]   Jonas A. Zukas. *Introduction to hydrocode (volume 49 in series : studies in applied mechanics)*. Elsevier Ltd, 2004.

Annexe A

Performances balistiques des tissus 2D

Le premier facteur pour distinguer les tissus 2D est l'armure. Elle représente le mode d'entrelacement orthogonal des fils de trame et de chaîne. La surface d'un tissu est périodique, une cellule de base qui est répétée sur une surface du tissu s'appelle un rapport (les carrés du tissu mis dans les contours rouges de la figure A.1). On utilise les notations "pris" et "laissé" pour dessiner un rapport du tissu (Fig. A.1). Un "pris" (le carré noir dans le schéma d'armure) représente le passage d'un fil de chaîne au-dessus d'un fil de trame. Inversement, un "laissé" (le carré blanc dans le schéma d'armure) désigne le passage d'un fil de chaîne au-dessous d'un fil de trame. Il y a trois armures de base : toile, sergé, satin (Fig. A.1) et leurs armures dérivées [Bou].

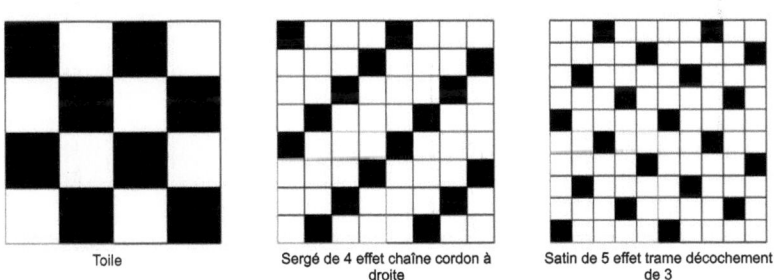

Figure A.1 - *Armures de base [Bou]*

En général, l'armure toile est la plus largement utilisée dans la protection balistique qui est largement étudiée dans la littérature. En raison de leur faible épaisseur, les tissus 2D ne peuvent être utilisés pour la protection contre les projectiles de grande vitesse. Ils sont souvent superposés et ensuite consolidés par des résines ou cousus pour constituer une structure épaisse avec une haute performance balistique. En état sec, ils peuvent être disposés dans la dernière couche d'un blindage afin de capturer les fragments.

Pour sa part, Maillet 2008 [Mai08] a indiqué que la performance balistique des tissus 2D dépend forcément de trois facteurs :
- Nombre de points d'intersection entre les fils : La performance balistique est réduite si ce nombre augmente.

- Section des mèches : Les tissus seront plus stables sous l'impact balistique, si les mèches sont plus fines.
- Consommation des mèches dans le tissu : Cette valeur est la différence sur la longueur des mèches entre l'état initial et celui du tissu final. Si elle est élevée, la résistance balistique sera faible.

Plus généralement, Wagner 2006 [Wag06] a cité six principaux éléments qui caractérisent la performance balistique d'un tissu :
- Propriétés physiques des fibres balistiques,
- Densité des fibres dans les directions de chaîne et de trame,
- Niveau de torsion des fils,
- Armure du tissu,
- Endommagement des fibres pendant le processus de tissage,
- Opérations après le processus de tissage.

Ces facteurs influencent directement la vitesse et l'amplitude des ondes de déformation au cours de l'impact. La densité des fils joue un rôle primordial : si cette densité est trop grande, l'armure du tissu est dégradée au cours du tissage ; si elle est trop petite, le tissu sera facilement perforé par le projectile. Il est recommandé d'avoir un facteur de recouvrement des fibres dans une surface des tissus compris entre 0.60 et 0.95 [Mai08].

Entre les tissus 2D de base (toile, sergé, satin), le tissu de toile prend la plus haute densité des entrelacements entre les fils ou la plus haute densité de flottés. Ensuite, ce sont tour à tour les tissus de sergé et de satin. La stabilité dimensionnelle du tissu de toile est la plus élevée. Pourtant, les flottés dans un tissu font diminuer considérablement la performance balistique du tissu. La raison réside dans le fait que ces flottés font augmenter l'interférence de la propagation de l'onde de déformation sur les fils d'un tissu soumis à l'impact balistique. Les tissus avec peu de flottés présentent une meilleure performance balistique. Les études indiquent aussi que l'usage de fils plus fins dans le tissu peut conduire à l'augmentation de la capacité de la protection balistique. En effet, avec les fils plus fins, la densité des fils dans le tissu va augmenter, le projectile doit donc casser davantage de fils pour perforer le tissu. Cela conduit à une amélioration de l'absorption d'énergie du projectile au moment de l'impact.

Annexe B

Impact balistique transversal sur les fils

Les réflexions des ondes transversales sont observés dans les essais d'impact transversal de Wilde et al. [WRCR70] sur des fils Nylon®6/6 avec des taux de déformation variant de $3 \times 10^5\%$ à $6 \times 10^6\%$ par minute. Les images des phénomènes d'impact sont capturées avec un pas de temps entre 50 à 1700 μs. A partir de ces images, la perte d'énergie du projectile est également calculée. Par le biais de techniques similaires, Smith et al. [SSBT61] ont mesuré en fonction du temps : la vitesse de l'onde transversale et la distance du point d'impact par rapport aux bords avec les essais d'impact transversal de 40 à 65 m/s. Grâce à une relation simple, la courbe contrainte-déformation est déduite à partir de ces données. Donc, les courbes contrainte-déformation des fils : acétate, triacétate, coton, polyester, verre, cheveux humains, vinyliques, nylon, acrylique, rayonne, et soie sont établies à un taux de déformation égale à $4,4 \times 10^5\%/min$. Pour avoir des images distinctes, dans ce travail, certains des fils ont été artificiellement regroupés afin d'atteindre l'ordre de 100 tex. Ces fils ont été tordu, de 0,5 tours/cm environ, afin d'empêcher la perturbation des fils d'un échantillon après l'impact.

Un autre phénomène complexe est la rencontre et l'interaction entre les ondes longitudinale et transversale. Craggs [Cra54] a considéré une rencontre entre une onde longitudinale et une transversale illustrée dans la figure B.1.

Avant la rencontre, la vitesse de l'onde longitudinal est C_0 et U_0 pour l'onde transversale. Derrière l'onde longitudinale, la force de tension est T_2 et l'angle de pente du fil par rapport de la direction horizontale est θ_0. T_0 et θ_2 sont derrière l'onde transversale. Entre les deux ondes, ces caractéristiques sont T_0 et θ_0. Après l'interaction, ces deux ondes propagent dans les deux directions avec une vitesse inchangée C_0 pour l'onde longitudinale (Fig. B.1b). La vitesse de l'onde transversale est changée $= U_1$ mais toujours plus faible que celle de l'onde longitudinale. T_1 et θ_1 sont les nouvelles valeurs créées par cette interaction. Basant sur les équations de mouvement des parts droites sur le fil avant et après l'interaction, on peut obtenir une relation pour déterminer T_1 et θ_1 :

$$\frac{\frac{T_1-2T_2+T_0}{C_0}+\frac{T_0}{U_0}-\frac{T_1}{U_1}}{sin(\theta_1-\theta_2)} = \frac{2\frac{T_1}{U_1}}{sin(\theta_2-\theta_0)} = \frac{\frac{T_1-T_0}{C_0}-\frac{T_0}{U_0}-\frac{T_1}{U_1}}{sin(\theta_0-\theta_1)} \tag{B.1}$$

Une relation similaire peut aussi être déduite dans le cas où l'onde longitudinale passe l'onde transversale dans la même direction. Enfin, pour le cas où deux ondes

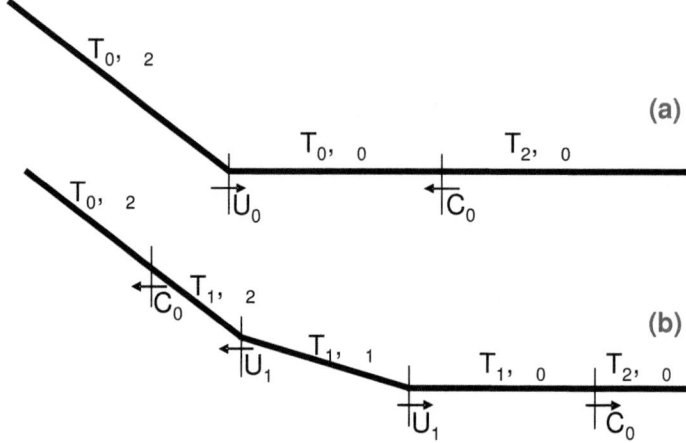

Figure B.1 – Rencontre entre une onde longitudinale et une transversale : (a) Avant la rencontre ; (b) Après la rencontre [Cra54]

transversales se trouvent sur un fil de tension T_0 ; θ_1 est l'angle de pente au milieu de ces deux ondes ; θ_2 et θ_0 sont successivement les angles de pente derrière ces ondes. Craggs [Cra54] a relevé que l'interaction entre ces deux ondes provoque deux ondes longitudinales et deux ondes transversales qui se propagent dans deux directions opposées à partir du point de rencontre. La tension T_1 entre les deux nouvelles ondes longitudinales et l'angle de pente θ_3 entre les deux ondes nouvelles transversales sont déterminées par l'expression suivante :

$$\frac{\frac{T_0}{U_0} - \frac{T_1}{C_0} + \frac{T_1}{U_1}}{\frac{T_0}{U_0}sin(\theta_2 - \theta_0) + \frac{T_1}{U_1}sin(\theta_2 - \theta_3)} = \frac{\frac{T_0}{U_0} + \frac{T_1}{U_1} + \frac{T_0 - T_1}{C_0}}{\frac{T_0}{U_0}sin(\theta_0 - \theta_1) + \frac{T_1}{U_1}sin(\theta_3 - \theta_1)} = \frac{2}{sin(\theta_2 - \theta_1)} \quad (B.2)$$

Wang [Wan07] a présenté un système de quatre équations à cinq variables pour décrire le cas d'impact transversal sur un fil infini précontraint. Il suppose que l'état initial du fil a une force de tension T_0 et une déformation associée ε_0. Après l'impact, le comportement du fil est décrit par cinq paramètres : Vitesse de l'onde longitudinale C_l ; Vitesse de l'écoulement des points matériels vers le point d'impact W ; Force de tension derrière l'onde longitudinale ; Vitesse de l'onde transversale U et l'angle de la pyramide θ. Si une variable est expérimentalement mesurée, les autres sont déterminées par les équations suivantes :

$$\rho C_l W = T - T_0 \quad (B.3)$$

$$W = C_l(\varepsilon - \varepsilon_0) \quad (B.4)$$

$$\rho UV = T sin\theta \quad (B.5)$$

$$V = U(1 + \varepsilon)sin\theta \quad (B.6)$$

Wang [Wan07] a rapporté des résultats expérimentaux de Wang et al. 1992 qui ont fait des essais d'impact transversal sur des fils précontraints. Dans ces essais, le projectile est attaché à une lame de rasoir (Fig. B.2).

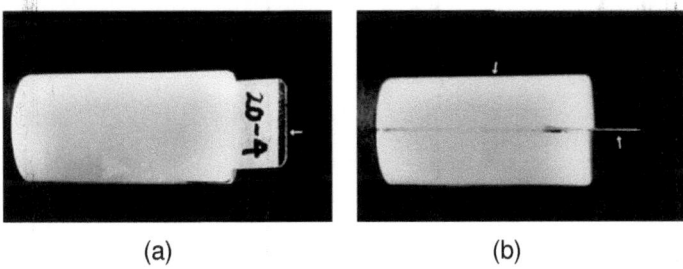

(a)   (b)

Figure B.2 – *Le projectile attaché à une lame de rasoir [Wan07]*

La vitesse de l'onde longitudinale est mesurée par un oscilloscope. Le tableau B.1 montre les résultats de la vitesse de l'onde longitudinale sur les fils Kevlar avec des forces initiales et des vitesses d'impact différentes. Avec une même précontrainte T_0, la vitesse de l'onde longitudinale est constante par rapport à la vitesse d'impact. Pourtant, cette vitesse augmente avec la force de tension. Si on combine les équa-

Tableau B.1 – *Les vitesses des ondes longitudinales C_l et les valeurs de l'angle au sommet de la pyramide pour le fil Kevlar dans des conditions des pré-tensions différentes T_0 (ou précontrainte : σ_0) et des vitesses d'impact différentes V [Wan07]*

T_0 (N)	2,04	3,02	5,96	10,9	10,9	10,9	10,9	20,7	30,5
σ_0 (Mpa)	32	47	93	170	170	170	170	324	478
V (m/s)	81	79	81	54,5	81	138	170	82	81
C_l (km/s)	9,04	9,13	9,22	9,35	9,35	9,36	9,27	9,52	9,79
calculée (Degré)	14	13,3	12,3	8	10,7	14,9	16,7	8,8	7,6
mesurée (Degré)	-	-	13	8,5	11,1	15	17	9,5	8

tions B.3 et B.4, nous pouvons obtenir une équation indiquant la dependance de la vitesse de l'onde longitudinale avec la force de traction :

$$C_l = \sqrt{\frac{1}{\rho}\left(\frac{T - T_0}{\varepsilon - \varepsilon_0}\right)} \quad (B.7)$$

Cette relation montre que la vitesse de l'onde longitudinale ne varie pas avec la force dans le cas où le fil est considéré comme élastique. Dans l'étude expérimentale menée par Wang et al. 1992, l'angle au sommet de la pyramide θ est aussi déterminé par les images capturées par la caméra ultra-rapide Imacon 792 (Fig. B.3). Une comparaison entre les valeurs mesurées et calculées de cet angle est donnée dans le tableau B.1 indique une bonne prévision des équations établies.

Récemment, les nouveaux tests d'impact transversal sur les fils n'ont pas fait l'objet de publication même si plusieurs nouvelles fibres à haute performance ont émergé. Les études sur les phénomènes de rupture du fils restent encore modestes. Ces limitations viennent de la variabilité des fils par rapport des opérations humaines et des méthodes de mesure adéquate à haute vitesse.

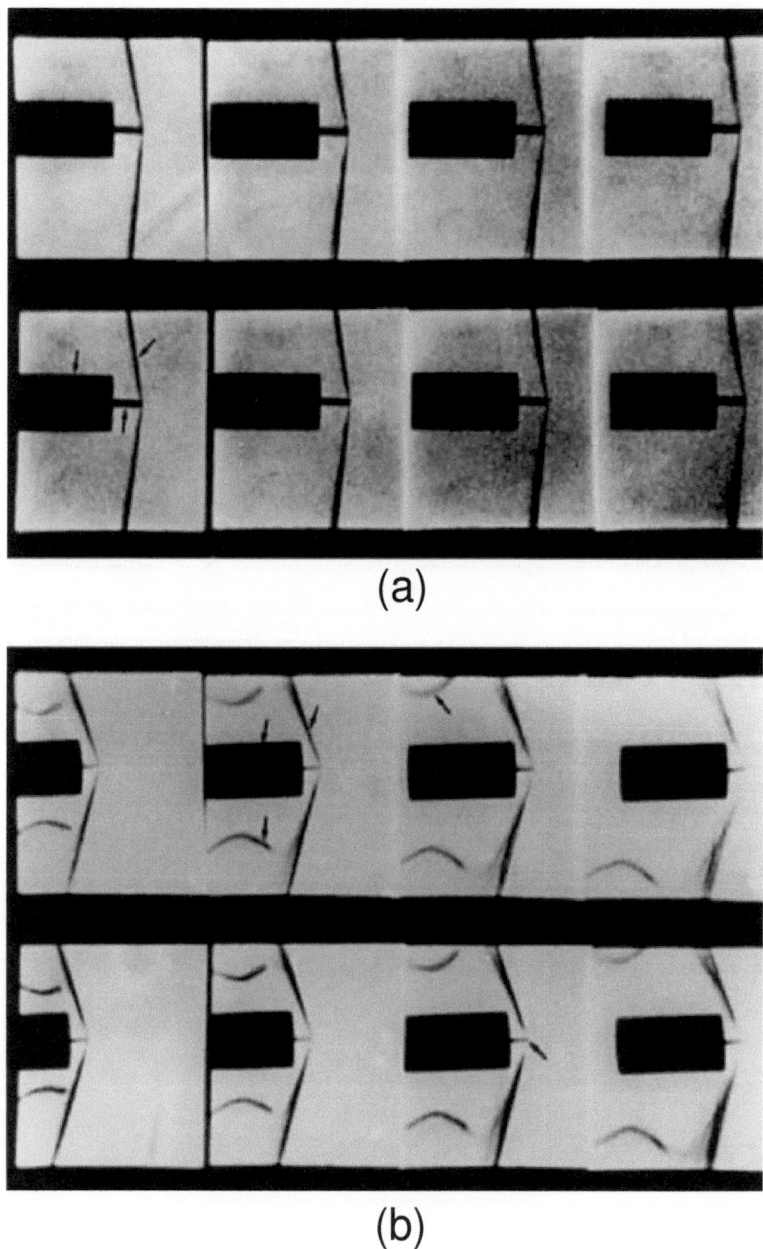

Figure B.3 – Séquences à haute vitesse pour les impacts sur les fils de Kevlar avec une précontrainte de 170 MPa dans les cas de vitesse d'impact de (a) 55 m/s et (b) 170 m/s. Pas de temps 20 µs [Wan07]

Annexe C

Dimensions du système de traction dynamique

Le système de traction dynamique peut être schématisé avec les dimensions détaillées comme dans la figure C.1.
Ce schéma divise un test en quatre phases principales.
- Phase 1 : Le porte-projectile avec le diamètre plus grand que le projectile est poussé par un canon de gaz. Ce porte-projectile ramène le projectile avec lui. La vitesse du système de ces projectiles peut atteindre 100 m/s.
- Phase 2 : Due à un diamètre plus faible, le projectile peut traverser le trou à la position du support fixe tandis que le porte-projectile est stoppé.
- Phase 3 : Le projectile continue à voler pour sortir le canon.
- Phase 4 : Le projectile traverse l'écran de la caméra.

La figure C.1 permet de déterminer la longueur invisible du fil dans le canon. La distance entre le point de fixation du porte-projectile et la sortie du canon s'élève à 52 mm (face avant porte-projectile jusqu'à la bouche) + 27,5 mm (point de fixation jusqu'à la face avant porte-projectile) = 79,5 mm.

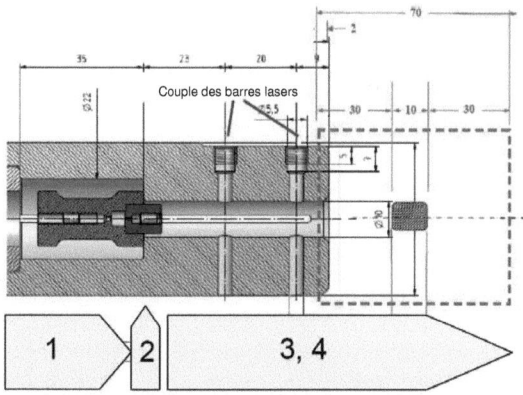

Figure C.1 – *Schématisation du system de la traction dynamique sur le fil (Unité = 1 mm)*

Annexe D

Fixation des tissus avec les cartons dans les tests balistiques

Le tissu testé est un interlock 3D angle dans l'épaisseur de 4 couches avec deux système des fils orthogonaux : chaîne et trame (Fig. D.1). Dans le plan du tissu, la

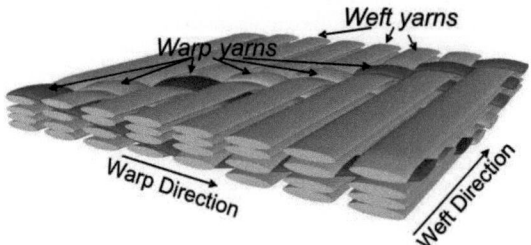

Figure D.1 *– Armure du tissu 3D interlock étudiée*

densité des fils de chaîne est de 20 fils/cm et 27,8 fils/cm pour les fils de trame. Tous les fils dans le tissu sont Twaron 3360 dTex. Donc, le tissu a une masse surfacique égale à 1,66 kg/m^2. Dans ce cas, le projectile est une sphère en acier avec un diamètre de 12,7 mm et une masse de 8,4 grammes.

La figure D.2 illustre le tissu dans le cadre. Ce tissu n'est encastré qu'à deux cotés avec une dimension de $15cm \times 15cm$. Pour éviter les dommages dus aux opérations humaines dans les étapes de préparation, les parties du tissu entre les barres du cadre sont légèrement résinées par epoxy. Ensuite, ces parties sont collées avec les cartons sur leurs deux faces avant d'insérer entre les deux barres associées. Avec cette technique, nous espérons que le tissu ne glisse pas entre les barres du cadre pendant l'impact.

Le tableau présente D.1 présente les résultats de 5 tests effectués. Les tests sont effectués avec des vitesses d'impact entre 82 m/s et 249 m/s. Aucun fil n'est cassé dans tous ces tests. La déformation du projectile est toujours négligeable. Le projectile est rebondi ou traverse le tissu en patinant sur la surface du tissu quand le tissu sort de cadre. Pourtant, le glissement du tissu entre les barres n'a lieu qu'avec les vitesses d'impact supérieures à 200 m/s. Ce résultat relève que la méthode de fixation avec les cartons et la résine est limitée pour ce rang de la vitesse d'impact.

La figure D.3 indique les phases d'endommagement du tissu dans le test 4. Dans

D Fixation des tissus avec les cartons dans les tests balistiques 175

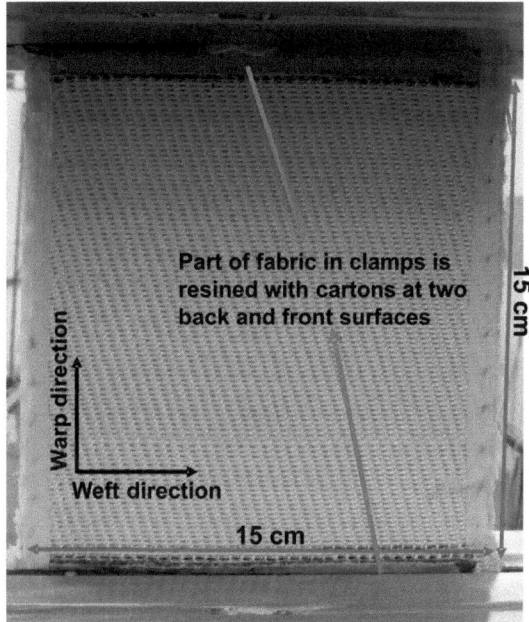

Figure D.2 – *Fixation du tissu utilisant les cartons et la résine*

Tableau D.1 – *Résultats des 5 tests balistiques sur les tissus fixés par les cartons et la résine*

Tests	Fabrics	Impact velocity	Slipping of fabric out of clamps
Test 1	New fabric	82 (m/s)	No
Test 2	Fabric tested with test 1	235 (m/s)	Yes
Test 3	New fabric	215 (m/s)	Yes
Test 4	Fabric tested with test 3 without carton	249 (m/s)	Yes
Test 5	New fabric	89 (m/s)	No

cette figure, 3 phases d'endommagement principales peuvent être observées :
 – Glissement du tissu entre les barres du cadre
 – Déformation des fils au point d'impact
 – "Pull-out" des fils à deux cotés libres

En fait, avec les tests où le glissement du tissu des barres du cadre n'existe pas, seules deux phases restantes ont lieu. Nous pouvons voir que le tissu est fortement glissé des barres et les cotés libres sont considérablement endommagés. La zone de contact avec le projectile est comprimée. Pourtant, les fils dans cette zone ne sont pas encore rompus.

La figure D.4 détaille l'évolution continue de la vitesse du projectile entre deux

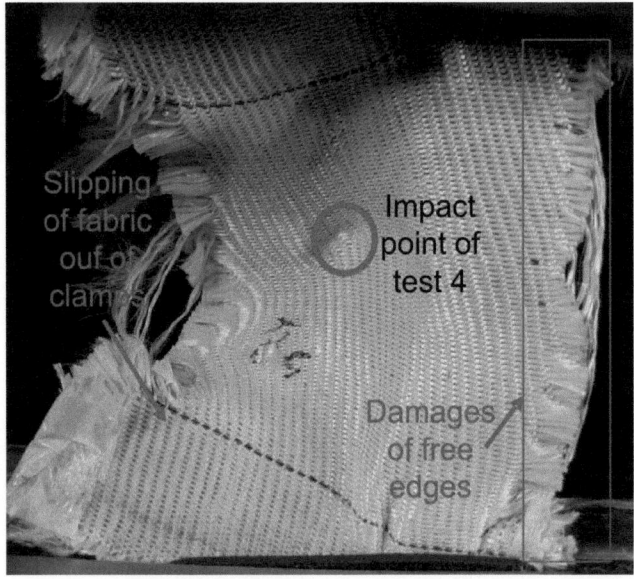

Figure D.3 – *Phases d'endommagement du tissu dans le test 4 avec la fixation utilisant les cartons*

instants : 0 µs et 290 µs dans le test 4.

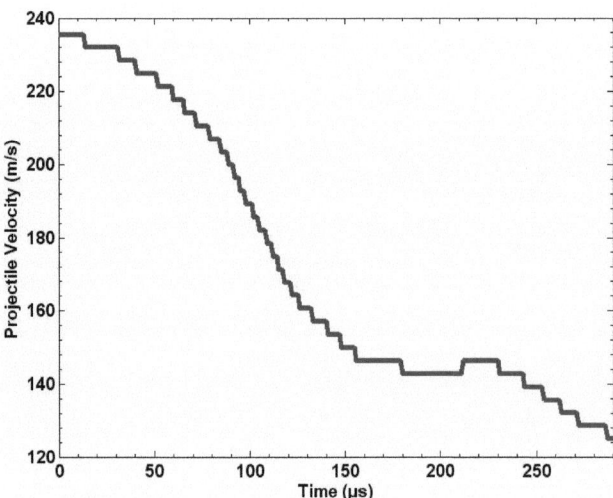

Figure D.4 – *Evolution de la vitesse du projectile du test 4 dans le cas de fixation avec les cartons*

Nous pouvons observer que la vitesse diminue légèrement pendant les 30 premières μs. En fait, dans cette période, le comportement dominant des fils primaires est "de-crimping" en raison de l'ondulation forte dans la structure d'interlock. Par ailleurs, les ondes de déformation ne peuvent pas encore propager loin. De 40 μs à 155 μs, la décélération du projectile augmente fortement avec la quantité de matériaux contribuant à arrêter le projectile. Durant cette période, la pyramide observée à l'instant 166 μs dans la figure D.5 est constituée.

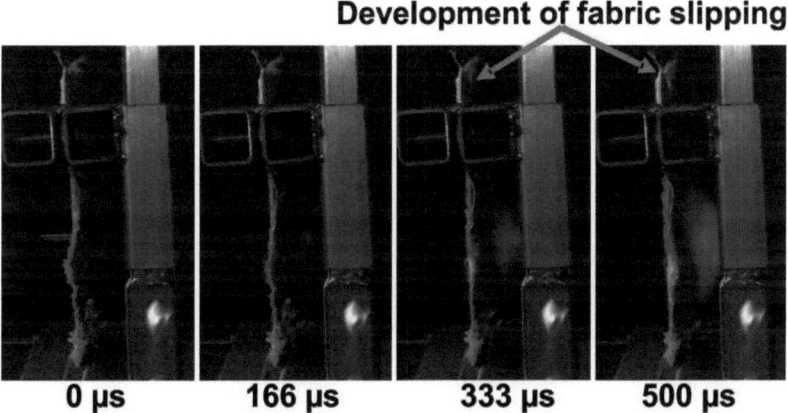

Figure D.5 – *Configurations du test 4 dans le cas de fixation avec les cartons*

La figure D.5 présente les configurations du test 4 avec un pas de temps de 167 μs. De 155 μs à 240 μs, la vitesse du projectile semble être constante et elle recommence à diminuer, mais légèrement de 240 μs à 290 μs. Ce phénomène s'explique par le glissement des tissus observés dans des configurations du test 4 à 166 μs, 333 μs et 500 μs (Fig. D.5).

i want morebooks!

Oui, je veux morebooks!

Buy your books fast and straightforward online - at one of world's fastest growing online book stores! Environmentally sound due to Print-on-Demand technologies.

Buy your books online at
www.get-morebooks.com

Achetez vos livres en ligne, vite et bien, sur l'une des librairies en ligne les plus performantes au monde!
En protégeant nos ressources et notre environnement grâce à l'impression à la demande.

La librairie en ligne pour acheter plus vite
www.morebooks.fr

VDM Verlagsservicegesellschaft mbH
Heinrich-Böcking-Str. 6-8   Telefon: +49 681 3720 174   info@vdm-vsg.de
D - 66121 Saarbrücken   Telefax: +49 681 3720 1749   www.vdm-vsg.de

Printed by Books on Demand GmbH, Norderstedt / Germany